# 创新创业课程教与学
## 专创融合版——建筑

主　编　宋宗耀　卫　巍

副主编　车晶波　郝　迈　李文超

参　编　刘　倩　陈笑彤　李　晨　阚　帅　田　奔　秦　岭

机械工业出版社

CHINA MACHINE PRESS

本书是创新创业教育的通识性与基础性课程教材，以建筑行业创新创业为例，针对课前、课中、课后的学习和实践需求，以及过程性学习管理要求和精品课程（金课）建设要求，对学习任务进行了引导性设计，充分体现"以学生学习为中心"的教学理念，更加关注学生学习的获得感。

本书主要内容包括双创启蒙、创新探索、发现机会、商业模式、创业风险、创业资源、项目创新、创业团队、创业计划、创业资金和创办公司共11个教学单元。

本书适合作为高校建筑类相关专业的创新创业基础教材，也可供创新创业相关人员自学和参考。

**图书在版编目（CIP）数据**

创新创业课程教与学：专创融合版：建筑 / 宋宗耀，卫巍主编 . —北京：机械工业出版社，2021.12（2023.7重印）

ISBN 978-7-111-69359-8

Ⅰ.①创⋯ Ⅱ.①宋⋯②卫⋯ Ⅲ.①建筑学—教学研究—高等学校 Ⅳ.①TU-0

中国版本图书馆 CIP 数据核字（2021）第 207221 号

机械工业出版社（北京市百万庄大街 22 号 邮政编码 100037）
策划编辑：韩效杰 责任编辑：韩效杰 於 薇
责任校对：高亚苗 封面设计：鞠 杨
责任印制：张 博
北京雁林吉兆印刷有限公司印刷
2023 年 7 月第 1 版第 2 次印刷
184mm × 260mm · 11.25 印张 · 138 千字
标准书号：ISBN 978-7-111-69359-8
定价：39.00 元

# 前 言

教师、教材、教法是课程教学的三个核心问题，也是更好地开展具有行业及专业特色的创新创业课程教学的根本。本书的编写就是要从根本上解决高校建筑类专业在开展创新创业课程教学中缺乏针对性教材的困惑，进而更好地开展创新创业教育。

创新创业教育的指向是以推进素质教育为主题，以提高人才培养质量为核心，以创新人才培养机制为重点，以完善的条件和政策保障为支撑，促进高等教育与科技、经济、社会紧密结合，加快培养规模宏大、富有创新精神、勇于投身实践的创新创业人才队伍。这就要求创新创业的课程教学具有素质性、通识性、基础性、实践性的特征，应以创业的逻辑和要素为脉络支撑，重在培养学生的可迁移能力素质，为学生今后更好地融入社会、进入行业、实现自我价值做准备。

本书较为朴实地运用了社会建构主义（Social Constructivism）学习理论和成果导向教育（Outcome Based Education）理念，实现了对实践教学的引领，突出了以学生为主体、以教师为主导的教学特色，使学生能够在教师的引导下，用自己的行为和思考完成创新创业教育课程的学习和自我成长，用自己的实践和智慧编写属于自己的创新创业教材。这种方式方便了教师的教，更有利于学生的学，可以实现教师好用、学生会学、学有所得的教学效果。

本书突出了建筑行业特色，强调了创新创业教育课程内容的连贯性与系统性，以问题为导向，将课内和课外的教学训练和实践有机结合起来，在体现教学过程中的过程性管理的同时，突出学生的实践、应用、内化与反思，是创新创业教育改革的创新性尝试。

本书在知识方面突出了实用性而非研究性，使教材的应用更具良好的拓展性和可操作性，适合于在有限的课程学习时间内的各类教学群体的不同需求。

本书通俗易懂，便于教学管理和运用，适用于高校建筑类相关专业开展创新创业教育的课程教学，也适用于相关人员自学和参考。

**编　者**

# 写在开始学习之前

## 【我要学习了】

我们都有一个美丽的梦想，谁不想梦想成真呢？

实现梦想的道路就在我们脚下，我们只能一步一步地走向理想的远方。"九层之台，起于垒土"，没有捷径，只有深深的脚印和汗水。

在科技高速发展、社会不断变革的今天，"大众创业 万众创新"已经成为时代的主旋律。我们看到，数不清的建筑构成了城市的新景观，四通八达的交通线将我们紧紧相连。我国甚至被称为"基建狂魔"，截至 2020 年，世界前十名的摩天大楼中，我国有八座。我们自豪于国家的飞速发展，自豪于国家的强大，自豪于中国建筑的惊艳表现，也自豪于我们将是我国建筑领域中的一员。我们在这个主旋律的时代起舞，在我们青春的舞姿中，展示我们的青春年华，也为在我们今后的发展奠定基石。

不论你今后是打算自己创业，抑或是在一个单位平稳度过，你都将看到不同的人，遇到不同的事，拥有自己不同的心情与成长经历。没有什么会比创新创业教育更能为你做好迎接未来的充分准备了。

这里学到的知识只属于你，这里锻炼的技能只属于你，这里培养的素质只属于你，这里养成的思维模式也只属于你。正因为此，你才与众不同，你才是你，你才能做到赠人你的玫瑰，留下你的余香。

## 【我要怎么学】

学习是自己的事情，老师教了并不意味着你学到了；你认为你学会了，并不意味着你会用，能用好。知识就在那里，绝不是因为老师在课堂上教了你才会，是因为你想学了，在学习的过程中你思考了、感悟了、实践了你才会。为了能得到最佳的学习效果，取得最好的学习成果，建议你：

1. 准备一个笔记本，课堂所学、思考练习、作业实践等都记录在案，课程结束后，你会发现自己完成了只属于自己的创新创业教育教材。

2. 与4名同学组成一个学习小组，大家生活背景不同、性格迥异、个性鲜明、各有特长，他们将是你的学习伙伴、学习对象和成长参照。

3. 课堂上的时间是有限的，不要指望老师在课堂上能教你多少。老师的作用是引导、帮助和促进你的学习，更多的是要靠你自己。

4. 教是为了学，学是为了用，这就是"学以致用"。不要等到需要用的时候再学，要学完马上用，马上去实践，要主动去寻找应用场景，体验与验证你的所学。在验证中，你会发现还有很多需要学、还有很多的应用不到位，还会感觉到有更多的精彩与美好有待你去发现与创造。

5. 为了能利用信息化手段更好地学习，一台计算机和一部手机是必不可少的。

6. 建筑传承了中华民族几千年的文明与智慧，也凝聚了越来越多的创新科技和时代元素，在学习的过程中，更多地关注建筑领域的发展信息，更多地思考建筑专业以及相关的需求、问题，这将有利于你成为建筑领域的创新型复合人才。

【我的成绩会怎样】

创新创业教育课程的成绩对你很重要吗？

请从现在开始就做好准备。记住，你的成绩取决于你的努力。当然还要看其他同学是否比你还要努力。如果一个同学比你还要努力的话，你的成绩比他高，就没有道理了。那么，加油吧，你的成绩来源于以下几个途径，还有可能更多。

1. 课堂发言的积极性与回答问题的质量。

2. 你所在小组课堂教学训练中的活跃程度和学习分享的质量。

3. 你在小组中的表现与贡献。

4. 你自己作业的质量。

5. 你所在小组作业的质量。

6. 课程项目成果的质量与展示效果。

7. 你对同学的帮助以及他们对你的反馈。

【谁能帮我学】

学习是自己的事情，能学到多少，学会多少，会用多少，能用好多少，这就是学习的效果与成果，这些原则上都是取决于你自己的努力。但是，有些人和事是可以帮你学得更好、更轻松、更有效的。

1. 老师可以给你知识的框架、逻辑和重点知识的说明。

2. 同学可以与你分享他们的智慧与灵感。

3. 导师可以从实践应用的视角对你进行指点。

4. 家长可以用他们的阅历，弥补你的社会经验不足。

5. 你的研究样本可以让你看到一个创新创业的全貌。

6. 国家政策、行业资讯、分析报告等可以让你明确方向。

7. 都市喧嚣、人情冷暖、小桥流水、长河落日、大漠孤烟可以让你看清自己，也看清世界。

## 【给自己一个目标】

在开始创新创业教育课程的学习之前，我们需要设定一个学习目标。课程学习结束后，我们再来验证一下我们定下的目标是否实现了，这也是在验证创新创业教育课程的价值。任何课程都是有其既定价值的，但是，由于学习者的不同、学习方法的不同、努力程度的不同，学习效果就会有所差异。那么，你通过创新创业教育课程的学习，希望达到的目标是：

☐ 在专业学习方面：

☐ 在对建筑领域的创新性认知方面：

☐ 在生活方面：

☐ 在就业方面：

☐ 在个体成长方面：

☐ 在创新创业实践方面：

☐ 在课程成绩方面：

# 目　　录

# 第1章  双创启蒙

**教学目标**

通过本章的学习，使学生对创新创业有初步的形象化的认知，以建筑领域的创新发展为教学背景，建立起分析双创事物的知识框架，并能够运用该框架，结合专业对身边的创新创业现象、项目与人物进行分析，可以将所学应用到专业学习、生活和今后的职业发展中（见表1-1）。

表 1-1  双创启蒙基本内容

| | 理论知识 | 能力素质 | 品格素养 |
|---|---|---|---|
| 双创启蒙 | 理解创新创业理论定义<br>创新创业的时代内涵<br>课程知识架构和教学逻辑 | 能辨识创新创业现象与事物本质<br>能组成有效的学习小组<br>确定自己的学习目标和实现目标的路径<br>能结合建筑业及相关行业的发展需求，思考创新创业的价值 | 建立符合社会主义核心价值观的人生观、世界观、价值观，以及创业观、就业观<br>能够自我反思和向他人学习<br>科学客观的自我定位 |

**一、认知创新**

1. 2018年3月5日，国务院总理李克强在人民大会堂做《政府工作报告》时提到，过去五年，我国科技进步贡献率明显提高，高铁网络、电子商务、移动支付、共享经济等引领世界潮流。类似的说法最初源于2017年20国青年"海选"出来的中国"新四大发明"：高铁、网购、支付宝、共享单车。其中，支付宝还入选了中国外文局发布的《中国话语海外认知度调研报告》中"外国人最熟悉的100个中国词"。"新四大发明"早已成为金光闪闪的"中国新名片"。"新四大发明"正是信息化、高科技化背景下产业融合后所形成的新业态，是新经济的杰出代表，背后折射出经济的一个重要变化，即经济发展呈现出向信息化和高科技化驱动转变的新趋势，这也是当今世界经济发展的潮流。

2. 高铁是谁发明的？其创新点在哪里？我国的高铁网络有哪些创新？对社会发展的价值贡献有哪些？高铁网络的建设与建筑业及相关行业有什么直接和间接的关系？请通过网络检索并与小组同学探讨后回答。全部回答后，给自己加5分。

✓ 我的课堂成绩是：
_____

3. 电子商务是谁发明的？其创新点在哪里？我国的电子商务有哪些创新？对社会发展的价值贡献有哪些？电子商务的发展与建筑业及相关行业有什么直接和间接的关系？请通过网络检索并与小组同学探讨后回答。全部回答后，给自己加5分。

✓ 我的课堂成绩是：
_____

4. 移动支付是谁发明的？其创新点在哪里？我国的移动支付有哪些创新？对社会发展的价值贡献有哪些？移动支付的发展与建筑业及相关行业有什么直接和间接的关系？请通过网络检索并

✓ 我的课堂成绩是：
_____

与小组同学探讨后回答。全部回答后，给自己加 5 分。

✓ 我的课堂成绩是：
_____

　　5. 共享经济是谁发明的？其创新点在哪里？我国的共享经济有哪些创新？对社会发展的价值贡献有哪些？共享经济的发展与建筑业及相关行业有什么直接和间接的关系？请通过网络检索并与小组同学探讨后回答。全部回答后，给自己加 5 分。

✓ 我的课堂成绩是：
_____

　　6. 党的十九大报告明确提出"中国特色社会主义进入了新时代"，这是我国发展新的历史方位。只有深刻领会和准确把握新时代的主要矛盾和基本依据，我们才能认识新时代、把握新时代、引领新时代。在这个新时代，我国社会的主要矛盾发生了重大变化，转化为"人民日益增长的美好生活需要和不平衡不充分的发展之间的矛盾"。不平衡不充分的发展，既有客观方面的原因，也有主观方面的原因。请同学们从"新时代社会主要矛盾"的角度，再来审视前述的"新四大发明"并谈谈感受：

　　创新能带来什么：

　　创新难不难：

　　创新需要什么：

　　举例说明这些创新与建筑行业的关系是什么：

　　在建筑业及相关行业中，还会有哪些创新出现或被广泛应用：

　　请与大家分享你的感受，如果你分享了，请给自己加 5 分。

✓ 我的课堂成绩是：
_____

　　7. 请回顾过去的三年中，社会上有哪些创新创业的项目或现象，每个同学说一个，不要重复。回答出来的，加 1 分；没有回答出来的，减 1 分。

　　我回答的是：

8.请回顾过去的三年中，建筑业及相关行业有哪些创新创业创造的项目或现象，每个同学说一个，不要重复。回答出来的，加 1 分；没有回答出来的，减 1 分。

我回答的是：

✔　我的课堂成绩是：

_____

9.在建筑业及相关行业，你最希望看到的创新是什么？经小组讨论后，总结出本组最希望看到的且最有价值的创新。

我们组最希望的创新是：

这些创新可以给我们带来的是：

基于这些创新，我们考虑的双创创意是：

我们能为这些创新做点什么：

我们小组是否分享了我们的思考？　□是　　□否

✔　我在小组讨论中的贡献度，按小组整体为 100% 计算，我应该占_____%。

## 二、认知创业

1.大家回答，什么是创业。可以是自己的理解，也可以通过网络和教材获取答案。发言回答的同学（含补充回答）加 5 分。

我的答案是：

✔　我的课堂成绩是：

_____

2.请大家基于"社会主义核心价值观"，思考一下作为创业者应具备哪些世界观、价值观和人生观。发言回答的同学（含补充回答）加 5 分。

我的答案是：

✔　我的课堂成绩是：

_____

3. 请小组完成一个建筑行业的创业者画像，限时 15 分钟。
要求如下：

- 他创业的动机和目标是什么？
- 他的生活状态是怎样的？
- 他在想什么？
- 他在移动状态下？用手机做什么？
- 什么事情让他高兴？
- 什么事情让他苦恼？
- 他经常接触什么人？
- 他经常出现在什么地方？
- 他的身上体现出了哪些"社会主义核心价值观"？

我们小组是否分享了我们的画像？　□是　　□否

✔　我在小组工作中的贡献度，按小组整体为 100% 计算，我应该占_____%。

## 三、认知双创

1. 请用 3 个关键词来表达目前代表我们学生的价值观是什么。
小组同学相互分享后，总结出目前代表我们学生价值观的 5 个关键词。

我的关键词是：

我们组的关键词是：

我们小组是否分享了我们的思考？　□是　　□否

2. 从今天到毕业 3 年内，我认为我的同学的创业率是多少。

我是否会去创业：　□是　　□否

我或我的同学如果创业的话，是否会在建筑业及相关行业：　□是　　□否

我认为的创业率是：_____%

我们组最终认为的创业率是：_____%

我们小组是否分享了我们的思考？　□是　　□否

3. 我的同学在什么情况下会去创业，什么情况下会在建筑行业创业？请自己提出 2 种情况，小组分享讨论后，总结出 3 种情况。

我认为的 2 种情况是：①

②

我们组认为的 3 种情况是：①

②

③

我们小组是否分享了我们的思考？　　□是　　□否

4. 创业必须有创新吗？在建筑业及相关行业创业必须有创新吗？

我的思考是：

我们组的达成的共识是：

我们小组是否分享了我们的思考？　　□是　　□否

5. 在过去的一年中，我们最关心、关注建筑业及相关行业的创新有哪些，因为什么关注。每个同学提出自己思考的 2 个创新，小组分析后总结出大家一致认同的 3 个创新。

我认为的 2 个创新是：①

②

我们组认为的 3 个创新是：①

②

③

我们小组是否分享了我们的思考？　　□是　　□否

6. 发现建筑业及相关行业的创业途径有哪些（这些途径应该是有效的，具有持续操作性的），每个同学提出自己思考的 2 个途径，小组总结出大家一致认同的 3 个途径。

我认为的 2 个途径是：①

②

我们组认为的 3 个途径是：①

②

③

我们小组是否分享了我们的思考？　　□是　　□否

7. 哪些风险会影响我们创业（特别是在建筑业及相关行业的创业中）？每个同学提出自己思考的 3 个风险，小组总结出大家一致认同的 5 个风险。

我认为的 3 个风险是：①

②

③

我们组认为的 5 个风险是：①

②

③

④

⑤

我们小组是否分享了我们的思考？　　□是　　□否

8. 哪些资源有助于我们启动创业（特别是在建筑业及相关行业的创业中）？每个同学提出自己思考的 3 类资源，小组总结出大家一致认同的 3 类资源。

我认为的 3 类资源是：①

②

③

我们组认为的 5 类资源是：①

②

③

④

⑤

我们小组是否分享了我们的思考？　□是　　□否

9. 请用 3 个关键词来表达如果组建创业团队，我希望团队具有哪些特征。小组同学相互分享后，总结出代表创业团队特征的 5 个关键词。

我的关键词是：

我们组的关键词是：

我们小组是否分享了我们的思考？　□是　　□否

10. 大家思考一下，我们目前的价值观与今后团队的特征有何不同，怎样弥补这个差异？请小组讨论，各抒己见。

我的观点是：

我们组的观点是：

我们小组是否分享了我们的思考？　□是　　□否

✓ 我在小组工作中的贡献度，按小组整体为 100% 计算，我应该占＿＿＿＿%。

11. 在我们发现创新创业机会的途径中，是否存在难以持续关注的"假大空"的一个领域或一个方向？

我的观点是：

我们组的观点是：

我们小组是否分享了我们的思考？　□是　　□否

✓ 我在小组工作中的贡献度，按小组整体为 100% 计算，我应该占＿＿＿＿%。

12. 在哪些资源有助于我们启动创业的思考中，我们是否存在"等靠要"的思想，致使我们启动创新创业遥遥无期？

✓ 我在小组工作中的贡献度，按小组整体为 100% 计算，我应该占_____%。

我的观点是：

我们组的观点是：

我们小组是否分享了我们的思考？　□是　　□否

13. 以上的学习、训练、思考和分享，让我们从价值观、创业动机、创新与创业关系、创业机会、创业风险、创业资源、创业团队等方面对双创有了初步的认识，这也正是创新创业课程的学习逻辑和课程要带给大家的价值。今后的学习与实践就是围绕这些要点和主题展开，进一步系统地引导同学们去学习、训练、思考、分享和实践。

### 四、小组管理

1. 我们小组如何能更有效地学习，并取得更好的成绩？

我的观点是：

我们组的观点是：

我们小组是否分享了我们的思考？　□是　　□否

✓ 我在小组工作中的贡献度，按小组整体为 100% 计算，我应该占_____%。

2. 有哪些提高自己与小组整体工作、学习质量的方法？

● PDCA 循环：PDCA 循环是美国质量管理专家休哈特博士首先提出的，由戴明采纳、宣传，获得普及，因此又称戴明环。PDCA 循环的含义是将质量管理分为四个阶段，即计划（Plan）、执行（Do）、检查（Check）、处理（Act on）。在质量管理活动中，要求把各项工作按照做出计划、计划实施、检查实施效果，然后将成功的纳入标准，不成功的留待下一循环去解决的顺序来完成。这一工作方法是质量管理的基本方法，也是企业管理各项工作的一般规律，该方法同样适用于小组工作与学习，建议同学们可借鉴 PDCA 循环管理好自己的课程学习。但是，需要同学们注意的是，随着更多项目管理中应用 PDCA，在运用的过程中发现了一些问题，因为 PDCA 中不含有人的创造性的内容，它只是指导如何完善与推进现有工作，因此可能会导致惯性思维的产生，习惯了 PDCA 的人很容易按流程工作，因为没有什么压力让他来实现创造性，因此 PDCA 在实际应用中是有一定局限性的。

做好 PDCA 的管理需要 8 个步骤：

（1）分析现状，发现问题。

（2）分析问题中各影响因素。

（3）分析影响问题的主要原因。

（4）针对主要原因，采取解决的措施。

（5）执行，按照措施计划的要求去做。

（6）检查，把执行结果与要求达到的目标进行对比。

（7）标准化，把成功的经验总结出来，制定相应的标准。

（8）把没有解决或新出现的问题转入下一个 PDCA 循环中去解决。

● SMART 目标管理原则：SMART 是具体的（Specific）、可以衡量的（Measurable）、可以达到的（Attainable）、相关性（Relevant）、截止期限（Time-bound）英文单词的首字母缩写。学习小组实施目标管理有利于学生更加明确高效地完成学习，也可以为小组管理提供评价标准，使小组同学能围绕同一个标准努力，最终达到相互学习、整体提高的学习效果。SMART 原则被广泛应用于企业的绩效管理，因此，在本课程的小组学习中学会应用 SMART 原则，有利于同学们今后的学习、生活、工作与职业发展。

SMART 原则在小组学习中的具体解释为：

（1）学习与实践任务指标必须是具体的（Specific）。

（2）学习与实践任务指标必须是可以衡量的（Measurable）。

（3）学习与实践任务指标必须是可以达到的（Attainable）。

（4）学习与实践任务指标要与其他学习目标具有一定的相关性（Relevant）。

（5）学习与实践任务指标必须具有明确的截止期限（Time-bound）。

**五、课程作业**

1. 知识性作业

● 你认为什么是创新？什么是创业？创新与创业是什么关系？创新与创造是什么关系？这个关系在建筑行业是如何体现的？

● 你今后打算创业吗？你如果创业，最大的动机是什么？

● 在国家经济转型升级和建筑行业创新发展的大背景下，如何看待创新与创业、创新与创造？

2. 调研性作业

请确立一个学习本课程的研究样本（最好是建筑行业或与建筑行业相关的），可以是校园周边的小店，校园及周边有关的建筑工程或项目，也可以是校友的企业或学长的创业项目，抑或是你父母所在的单位。你今后要做的是长期与其进行交流和沟通。请你简述该研究样本的基本情况。

☐ 名称

☐ 成立时间

☐ 主营业务范围

☐ 当前经营状况（盈利／亏损）

☐ 今后的发展方向

☐ 对接人的职务

☐ 对接人的电话/QQ/微信

3. 实践性作业

请选定一名学习导师（最好是建筑行业或与建筑行业相关的），他不能是你的家族成员、朋友或本校老师，希望通过你自己的努力找到目标导师，这样做可以扩大你的人脉资源，锻炼获取社会资源的能力；你可选择校友中的佼佼者，也可利用教师、创业协会等校内资源，寻求他们的帮助。建议你高标准选择导师，建议标准为：他所在的企业成立三年以上，去年盈利在 100 万元以上，主营业务具有明显的创新点，具有一定的行业或区域影响力。导师为职业经理人或创业者，应是本科以上学历。为完成作业，你需要提供以下材料：

☐ 导师姓名

☐ 导师年龄

☐ 导师学历

☐ 所在单位成立时间

☐ 所在单位的主营业务

☐ 单位的业务进展情况

☐ 单位人员规模

☐ 单位去年利润额

☐ 他的工作（或创业）的感受

☐ 他是怎样看待创业精神的

☐ 他自己对今后的规划是什么

☐ 询问创业者的联系方式，如电话、微信、QQ、邮箱地址等，以便日后有时间再进行深入的讨论

☐ 需要将你们的谈话（聊天）记录截图贴在作业本上；如果是面谈，需要附上你们的现场合影。

### 六、案例学习与思考——建筑领域的创业者们

1. 案例介绍

行业内普遍认为,"数字建筑"是指利用 BIM 和云计算、大数据、物联网、移动互联网、人工智能等信息技术引领产业转型升级的行业战略,它结合先进的精益建造理论方法,集成人员、流程、数据、技术和业务系统,实现建筑的全过程,全要素、全参与方的数字化、在线化、智能化,从而构建项目、企业和产业的平台生态新体系。

基于我国建筑行业发展的时代背景、转型方向,新设计、新建造、新运维是数字建筑的核心,也将开创我国建筑行业的美好未来。

新设计,即全数字化样品阶段。在实体项目建设开工之前,集成项目各参与方与生产要素进行全数字化打样,进而消除工程风险,实现设计、施工、运维等全生命周期的方案和成本优化,保障大规模定制生产和施工建造的可实施性。

新建造,即工业化建造。基于软件和数据形成建筑全产业链的"数字化生产线",将工厂生产与施工现场实时连接并智能交互,实现工厂和现场一体化以及全产业链的协同,使图纸细化到作业指导书,任务排程最小到工序,工序工法标准化,最终将建造过程提升到工业级精细化水平,达成浪费最小化、价值最大化。

新运维,即智慧化运维。通过以虚控实的虚体建筑和实体建筑,实时感知建筑运行状态,并借助大数据驱动下的人工智能,把建筑升级为可感知、可分析、自动控制,乃至自适应的智慧化系统和生命体,实现运维过程的自我优化、自我管理、自我维修,并能提供满足个性化需求的舒适健康服务,为人们创造美好的工作和生活环境。

2. 案例思考

请同学们结合自己的专业以及对建筑行业创新发展的思考，围绕如何利用 BIM 和云计算、大数据、物联网、移动互联网、人工智能等信息技术引领产业转型升级的系列主题，任选一个细分领域（如"BIM 在建筑领域的应用"），找到一家创业公司，阐述其主体业务。

# 第 2 章　创新探索

**教学目标**

通过本章的学习，使学生认识到创新的价值与趋势，能够运用基本的创新方法进行样本分析，能够建立起对专业学习、生活和职业发展的创新性思考，能够运用创新思维更好地解决身边的简单问题（见表 2-1）。

表 2-1　创新探索基本内容

| | 理论知识 | 能力素质 | 品格素养 |
|---|---|---|---|
| 创新探索 | 创新的价值与趋势<br>创新与创业的关系<br>基本的创新思维与方法 | 能发现身边，特别是建筑业及相关行业中的创新事物和创新点<br>能辨识适合自己的创新方向，应用于自我完善和成长 | 对新时代社会主要矛盾的理解<br>对社会与生活的细致观察和持续关注<br>对爱和美的追求 |

## 一、身边的创新

1. 在过去的一年里，创新无时无刻不在改变着我们的生活，其中包括了产品外观的创新、功能的创新、服务的创新、模式的创新、制度的创新等。那么，哪个创新是你感受最深的？

□ 我感受最深的创新是：

□ 这个创新的特点是：

□ 这个创新更好地解决了哪些问题或者满足了人们的哪些需求？

□ 这个创新还存在哪些不足，请列举 3 点：

① 

② 

③ 

□ 针对这些不足，你有什么样的建议？

① 

② 

③ 

将你的思考通过发言的方式与全班同学分享，进行分享可得到 5 分。

✓ 我的课堂成绩是：
_____

我是否很快完成了这个训练：　□是　　□否

如果你没能很快地完成这个训练，你认为原因是什么？

我是否踊跃进行了分享：　□是　　□否

2. 将你感受到的最新的创新在小组内进行分享，小组经讨论后，选出大家一致认同的三个较有价值的创新，并完成下列分析与思考。这个训练是在同学个体思考的基础上，通过大家集思广益，在完善个体思考的基础上，进行深度的应用性的借鉴性创新思维训练。

☐ 小组感受最深的创新是：

① 

② 

③ 

☐ 这些创新的特点分别是：

① 

② 

③ 

☐ 这些创新特点，如何借鉴到建筑业及相关行业（含建筑业相关行业）？

① 

② 

③ 

☐ 在建筑业及相关行业，通过应用或借鉴这些创新点后，会产生哪些有价值的改变，会产生哪些创新项目？

① 

② 

③ 

☐ 你们认为，上述创新项目解决了建筑业及相关行业的哪些问题或优化了哪些应用体验？要注意的是，创新的目的是在原有的基础上进行优化，给客户更好的体验，解决客户的问题或满足客户的更多需求，这样的创新才有价值，不能为了创新而创新。

✓ 我在小组工作中的贡献度，按小组整体为 100% 计算，我应该占_____%。

① 

② 

③ 

我们小组是否分享了我们的思考？　☐是　　☐否

**二、对创新与创业的理解**

1. 创新与创业的关系：创新是社会进步的灵魂，创业是推进经济社会发展、改善民生的重要途径，创新和创业相互联系、共生共存。

在过去的三年里，在建筑业及相关行业哪些具有创新特质的项目，使我们的生活、工作、学习变得更便捷了？请每位同学提出一个，不能重复。如果你分享了，给自己加 1 分。

我是否踊跃进行了分享：　□是　　□否

✓ 我的课堂成绩是：

_____

2. 创新是引领发展的第一动力，是建设现代化经济体系的战略支撑。近年来，大众创业、万众创新持续向更大范围、更高层次和更深程度推进，创新创业与经济社会发展深度融合，对推动新旧动能转换和经济结构升级、扩大就业和改善民生、实现机会公平和社会纵向流动发挥了重要作用，为促进经济增长提供了有力支撑。

你认为，创新在大学生创业中的价值是什么？创新是提高了创业难度还是降低了创业难度？将你的观点与大家进行分享。如果你分享了，给自己加 5 分。

我的观点是：

我是否踊跃进行了分享：　□是　　□否

✓ 我的课堂成绩是：

_____

3. 请同学们思考，如何才能做到创新？一般而言，明确创新方向是首要问题。这个问题有两条解决路径：一条是发现现实中的问题或需求，寻找创新的方法去解决；另一条是将技术发明或科研成果应用于现实中，更好地满足需求或解决潜在的问题。简单而言，一个是在现实的问题场景下寻求创新解决方案；一个是为创新的技术和方案寻求现实应用场景。请同学提出，如果在建筑业及相关行业，以及你的专业领域开展创新实践，你会选择哪条路径？具体会怎么做？将你的观点与大家进行分享；如果你分享了，给自己加 5 分。

我的观点是：

✔ 我的课堂成绩是：

_____

我是否踊跃进行了分享：　□是　　□否

### 三、对创新的细化

1. 创新不仅仅是有形的产品创新和技术创新，还有可能是无形的模式创新、制度创新、组织创新、思维创新，抑或是生活方式的创新等。创新可以使我们生活得更精彩，也会使我们与众不同。创新往往体现在创意中，你的大脑能否不断地产生创意，这些创意是否具有价值，是否可以使现有的生活、工作和学习变得更好，很可能是你的价值的一种体现。

创新往往是在旧的、现有的基础上做出改变，如何使有价值的变化发生是同学们要思考的问题。也就是说，能否发现问题、提出问题、分析问题，进而去解决问题。在这里，发现问题和提出问题是最重要，比解决问题更有价值。但是，惯性思维往往是创新的阻碍，要想创新，我们需要的是批判性思维。在现代社会，批判性思维被普遍确立为教育，特别是确立为高等教育人才培养的目标之一。那么，你认为什么是批判性思维呢？将自己的观点和思考的案例与大家进行分享，如果你分享了，给自己加 5 分。

我的观点是：

✓　我的课堂成绩是：
_____

我是否踊跃进行了分享：　□是　　□否

2. 知名剧作家、导演赖声川在《赖声川的创意学》中写道："我们很容易自动接受各种社会加诸自我的制式观念及想法：'生活应该如何过''什么样的工作才是好工作''什么样的对象才是好对象''买什么样的房子才算是好房子''怎么样才算是一顿好吃的饭''怎么样才是一个好假期'……其实每一项选择都充满潜在的创意，而我们居然愿意在一切可能之中接受众人的标准答案，然后花毕生的力量来符合这些标准答案。"这就是惯性思维对我们创新创意的阻碍，而创新思维正是突破这种阻碍的方法，但是需要我们养成一种思维习惯，需要我们关注生活、关注社会、关注人性。那么，让我们从细微处入手，基于前面我们小组对感受最深的创新的思考，在将其应用到可借鉴的建筑业及相关行业时，细化我们的创新，激活我们的创意。（如果觉得本组的思考不够成熟，可思考如何提高我校创业咖啡厅的营业收入，对此提出自己的创新性解决方案）

□ 我们小组确立的分析内容是：借鉴_____的创新特点，应用于_____，产生创新的项目是_____。

□ 有形的创新有哪些：

材料创新：

外观创新：

结构创新：

工艺创新：

设计创新：

功能创新：

环境创新：

其他创新：


□ 无形的创新有哪些：

模式创新：

宣传创新：

服务创新：

促销创新：

使用创新：

售后创新：

管理创新：

制度创新：

其他创新：


## 四、课程作业

### 1. 知识性作业

● 你认为创新最大的价值是什么?

● 创业一定要有创新吗? 为什么?

● 你如果就业, 有哪些创新的方式会使你发现并把握就业

机会?


### 2. 调研性作业

● 请发现学校在过去一年里的一个让你感受最深的创新, 对

其进行描述并谈谈你的感受。如果没有发现，那么就请你为学校提出一个具有创新性的建议，目标是如何让学校发展得更好。

● 请与你的专业老师进行沟通，看看老师有哪些课程及科研创新成果？这些创新成果可以应用到建筑行业的哪些方面，产生什么价值？

● 针对你的研究样本，看看它们在过去的一年里有哪些创新，今后创新的方向与方式是什么？

☐ 过去一年的创新内容。

☐ 今后的创新方向。

☐ 实现创新的主要方式。

☐ 你对它们的建议。

☐ 将你的建议反馈给它们，它们对你建议的看法是怎样的？需要将你们的谈话（聊天）记录截图贴在作业本上；如果是面谈，需要附上你们的现场合影。

● 研究一下建筑业，特别是你所在专业有哪些创新趋势和创新需求，思考回答以下问题。

☐ 建筑业及相关行业的发展与创新方向是什么？

☐ 你认为哪个创新方向最有价值，为什么？

☐ 在你的专业领域中，具有创新力的企业或机构有哪些？

☐ 在这个专业领域中进行创新最大的风险是什么？

☐ 我的所学与哪个细分创新方向相关？为什么？

☐ 我还需要学习什么才能适应今后在这个领域的发展？

3. 实践性作业

● 对你目前的生活、学习做出一个创新性的改变，将你创新改变的内容与同学对你的反馈描述下来。

● 与你的导师谈谈你对建筑业及相关行业，以及自己的专业有哪些对于创新趋势和需求的思考，将导师的反馈记录下来。需要将你们的谈话（聊天）记录截图贴在作业本上；如果是面谈，需要附上你们的现场合影。

**五、案例学习与思考——建筑领域的创新**

1. 案例介绍

在技术发展以及对用户内在需求的关注度提升这两方面行业大势的推动下，国内外涌现了一大批领先实践，推动智慧建筑的应用边界扩张，行业加速步入智慧化服务的时代。传统聚焦智慧建筑基础层的限制被逐渐打破，提升和拓展层的应用渐渐被尝试、突破与颠覆，客户开始认可提升与拓展层的应用所带来的价值。

国际上来看，微软全球总部的案例代表了业界的最新实践，其在战略体系、用户体验、技术基础与组织构建维度的举措，实现了智慧建筑愿景落地。

微软公司总部位于华盛顿州雷德蒙德市。从 1986 年起，微软的总部经过多次扩建与改造升级，形成如今占地 200 公顷，涵盖 145 栋建筑的巨大总部园区。微软总部内的建筑外观低调朴实，但其同时也是全球智能总部的代表建筑群之一。然而在 2012 年，其园区使用智慧建筑改造方案之前，运营管理面临着诸多挑战：

● 管理难度大：园区内部 145 栋建筑建造于不同的时期，设备管理应用不同的程序和系统，以至于其基础设施难以被全面管理，而传统的设备改造模式代价巨大，预计花费在 6000 万美元左右。

● 能耗成本高：产生了大量的能耗，每年产生超过 5500 万美元的能耗支出。

为了应对日益增加的成本和园区管理难度，微软总部的工程师们采取"物联网＋大数据"的方式，借助智慧建筑硬件设备和软件的部署，构建以物联网、云计算、大数据和人工智能驱动的智慧园区。在合作伙伴的帮助下，微软在 3 万个设备中布局了超过 200 万个传感器，然后在现成产品和解决方案的基础上开发了基于云上的智慧建筑管理平台。微软的总部园区由此实现了节能降耗、运维提升、生产力提升，并优化了用户体验。

● 节能降耗：相对原有改造设备的模式，部署物联网传感设备节省了 5600 万美元的额外开支；同时第一年能耗支出降低了 200 万美元，18 个月内收回投资成本，并且到 2017 年，相比 2012 年节省了超过 20% 的能源消耗。

● 运维提升：提升技术人员工作效率，使技术人员每季度能够处理多达 3 万个工单；同时，48% 的设备故障能够在 60 秒以内进行维修。

● 生产力提升：结合 Office 办公软件实现空间与软件的无缝连接。目前，微软总部参加会议的员工每次寻找会议室平均需花费 12 分钟的时间，而智慧建筑通过识别参会人员的位置，并结合与会人员当日的行程安排，能推荐合适的会议室，并借助会议地点导航指引的功能，有效地缩短每次寻找会议室的时间，提高办公效率。

● 体验提升：中央温控系统和空间利用分析软件实现互联互通，基于每个楼层的空间使用情况，温控系统会自动调节到适合特定楼层的最佳温度，保证员工的舒适和高效。此外，员工与访客可以在被授权区域任意通行，并通过软件提前在员工餐厅进行餐饮预订，为工作带来更多便捷。

微软总部的案例将基础、提升、拓展层的许多场景进行了落地实践，不仅实现了 20% 的能耗节约，同时开创了包括智慧前台在内的很多新的应用场景。总结其成功落地的核心要素，主要包括强大的技术基础，以及持续衡量与追踪用户体验。

技术基础方面，微软通过强大的云计算能力，打通了现有建筑管理系统中的数据，通过安装新的物联网传感器等设备获取新的数据，并融合外部包括天气、会议安排等信息系统数据，打造了统一的数据池，实现了数据的互融互通。多维度的数据有助于更好地满足用户的个性化需求，实现了创新应用的落地。

价值衡量与追踪方面，利用数据产生的洞察寻找机会点并践行优化方案。数据洞察落实到实际的成本降低及效率提升方面，往往需要引导整个组织养成正确的习惯并持续追踪，从能耗分析建议节省浪费的小习惯到培训软件系统的顺畅使用，持续的追踪与推动带来持续的成本节约和效率提升。

2. 案例思考

请同学们结合自己的专业以及对建筑行业创新发展的思考，针对我校目前建筑运维的现状，借鉴微软总部的改造与实施思路，提出你们在现实体验中的问题，并从智慧建筑角度提出解决这些问题的方案设想。

# 第3章 发现机会

**教学目标**

通过本章的学习，使学生能够结合国家战略，运用政策、行业分析等资料，分析、发现与论证有关创新创业的机会与趋势；并可以运用创新思维与方法，发现建筑业及相关行业中以及身边的社会问题，抓住机会点，形成具有一定实际价值和可操作性的项目创意。同时可以将识别机会的方法应用到专业学习、生活和职业发展中（见表3-1）。

表3-1 发现机会基本内容

| | 理论知识 | 能力素质 | 品格素养 |
|---|---|---|---|
| 发现机会 | 机会如何产生<br>新时代有哪些机会<br>建筑业及相关行业有哪些机会<br>什么是好的机会 | 能通过趋势分析把握创新规律<br>能从宏观和微观两个角度客观地看待机会<br>能发现适合自己发展的机会<br>能对机会进行初步评估 | 把握新时代社会主要矛盾，将"中国梦"落到实处<br>消除机会主义与投机思想<br>建立适合自身的发展观 |

**一、宏观机会的识别**

　　1. 我们处在一个科技高速发展、社会快速变革的时代。这个时代的特性给了我们无穷无尽的机会，现在并不缺少机会，缺少的是发现机会的眼睛。创业机会本质上来源于变化和创新，深层次讲是来源于对美好生活的追求和对未来及未知的探索。而变化与创新在我们的身边时刻都在发生着。发展变化正是创业机会的重要来源，没有变化就没有机会。我们只有把握好时代的脉搏，紧跟国家发展的步伐，才能更多地发现机会，更好地把握机会。

　　2. 请大家研读十九大报告，分别回答以下问题，并阐述报告中隐含的创新创业机会：

　　□ 十九大的主题是：

　　□ 我国社会主要矛盾的变化是：

　　□ 我认为十九大报告中存在的创新创业机会是：

✓　我的课堂成绩是：

_____

将你的观点与大家进行分享，如果你分享了，给自己加 5 分。

我是否踊跃进行了分享：　　□是　　　□否

3. 请大家研读国家"十四五"规划，分别回答以下问题，并阐述这里存在的创新创业机会：

☐ 该五年规划的主要目标是：

☐ 该五年规划中的发展理念是：

☐ 经济发展方式的转变是：

☐ 调整优化产业结构的内容是：

☐ 创新驱动发展战略的内容是：

☐ 我认为在该五年规划中与建筑行业及我所在的专业相关的规划有：

将你的观点与大家进行分享，如果你分享了，给自己加 5 分。

我是否踊跃进行了分享：　☐是　　☐否

✓　我的课堂成绩是：

_____

4. 在"创新探索"这章的作业中，我们已经对建筑行业的创新方向与发展趋势有所了解，那么对下面这些社会、经济与科技的热点，你知道多少呢？请针对以下热点回答 3 个问题。以小组为单位依次回答，不要重复说明一个热点，一个人只能回答一次，回答最多的小组得 10 分。

【问题 1】基本概念是什么？

【问题 2】典型应用是什么？

【问题 3】与建筑行业或你所在专业结合后，可能产生或改变什么？

- 共享经济
- 区块链
- 人工智能
- 无人机
- 机器人
- 5G
- 社群经济 / 粉丝经济
- 物联网
- 众筹 / 众包
- AR/VR
- 3D 打印
- 可穿戴设备
- 大数据 / 云计算
- 三维通信
- 无人驾驶
- 新能源
- 新材料
- 新消费

□ "一带一路"

□ 乡村振兴

□ 绿色发展

□ 新城镇建设

□ 智能建筑

□ 绿色建筑

□ 健康建筑

□ 新基建

□ 北斗卫星组网

我们小组是否分享得最多?　　□是　　　□否

✓ 我在小组工作中的贡献度,按小组整体为 100% 计算,我应该占_____%。

5. 请大家研读最近一期建筑行业年度分析报告,结合以上的思考,通过小组讨论的方式,基于你所在专业,提出今后可以把握的创新创业机会,并与大家分享你们的观点。

我们的观点是:

我们小组是否积极进行了分享?　　□是　　　□否

✓ 我在小组工作中的贡献度,按小组整体为 100% 计算,我应该占_____%。

**二、身边机会的发现**

1. 在建筑行业或你的专业领域,抑或你感兴趣的领域中,过去一年都出现了哪些创新创业项目或现象。请大家通过网络,以小组的方式提出三个。

我们的观点是:

我们小组是否积极进行了分享?　　□是　　　□否

✓ 我在小组工作中的贡献度,按小组整体为 100% 计算,我应该占_____%。

✓　我在小组工作中的贡献度，按小组整体为 100% 计算，我应该占＿＿＿＿％。

2. 在建筑行业或你的专业领域，抑或你感兴趣的领域中，找一两家上市公司，通过研读其年报，找出该公司与你的专业或爱好相关的发展方向，以小组的方式提出 3 个。

我们的观点是：①

②

③

我们小组是否积极进行了分享？　□是　　□否

3. 请围绕前述社会、经济与科技的热点（共享经济、区块链、人工智能、无人机、机器人、5G、社群经济 / 粉丝经济、物联网、众筹 / 众包、AR/VR、3D 打印、可穿戴设备、大数据 / 云计算、三维通信、无人驾驶、新基建、新能源、新材料、新消费、"一带一路"、乡村振兴、绿色发展、新城镇建设等），每位同学提出个人认为在建筑业及相关行业今后三年可能出现的发展趋势，分别写在三张便签上，发展趋势尽可能具体，并体现一定的应用场景。如"环保型建筑材料会在建筑施工中广为应用"。请同学们在 5 分钟内完成。将这三张便签贴在一张 A4 纸上，如图 3-1 所示。

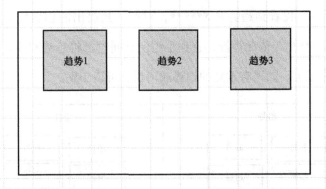

**图 3-1　建筑业及相关行业的三个趋势（社会、经济与科技方面）**

4. 将贴有三个趋势的 A4 纸传递给左手的同学，每人将得到的 A4 纸再次传递给左手边的同学。每个同学拿到别人写的趋势后要认真阅读领会，不得提出反对意见；要基于看到的趋势，提出在此趋势下的一个具有可操作性和价值的创新创业项目。将自己的想法分别用便签贴在对应的趋势下面（见图 3-2）。请在 5 分钟内完成。需要注意的是，可以有一定的技术想象，因为有些技术不是不存在，只是同学们还不知道。

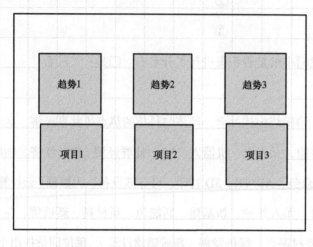

**图 3-2　针对趋势提出的创新创业项目**

5. 请每组同学分别对完成的趋势与项目进行整理，整理的过程中就是在共享大家的智慧。整理的要求是将自己手中的 A4 纸上的便签撕下来，按图 3-3 所示，贴在 A3 纸上。需在课堂上大声表达："我看到趋势是\*\*\*\*\*\*，对此，我提出的创新创业项目是\*\*\*\*\*\*\*。"依此类推，直到小组所有同学都将趋势和项目贴在了 A3 纸上。如果有重复的趋势或项目，可以不贴。

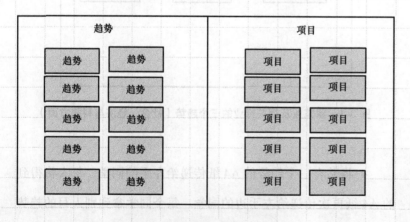

**图 3-3　趋势及所对应项目的总结**

6. 各小组通过讨论，留下最有发展前景和价值的 4 个趋势。必要时，可以通过组内举手表决的方式来确定。

✓ 我在小组工作中的贡献度，按小组整体为 100% 计算，我应该占_____%。

7. 在选定趋势的前提下，各小组讨论后筛选出在这 4 个趋势下，最有发展前景和价值的 4 个项目。好的项目，应尽可能多地满足发展趋势的要求。那么，这 4 个项目很可能就是你们发现的创新创业机会。请各组分享自己看好的趋势和选出的项目。

☐ 我们最关注的趋势是什么？

☐ 我们认同的趋势项目是什么？

☐ 我们为什么留下这些项目？

☐ 这些项目的前景如何？

☐ 这些项目如何与我们的专业进行结合性应用？

我们小组是否积极进行了分享？　　☐是　　　☐否

8. 基于小组选定的 4 个创新创业项目，我们将通过关联性的思考，寻找项目的切入点，进而使我们能更好地把握住创新创业机会。请小组对 4 个项目中的关键事物进行描述，一个项目中可能涉及多个关键事物，我们希望把握住最关键的 1~3 个，然后围绕关键事物进行关联性思考，找出可能影响该事物的潜在要素或问题。

举例：

● 趋势：环保型建筑材料会在建筑施工中广为应用。

● 项目：秸秆墙纸生产工艺与生产线。

● 关键事物：秸秆的原材料处理、秸秆的化学处理、墙纸生产工艺、秸秆墙纸生产线、秸秆墙纸的市场推广。

●关联性思考：秸秆处理、化工处理、生产环保、成形技术、施工技术、市场营销。

【项目 1】

☐ 关键事物 1：

☐ 关键事物 2：

☐ 关键事物 3：

☐ 关联性思考 1：

☐ 关联性思考 2：

☐ 关联性思考 3：

【项目 2】

☐ 关键事物 1：

☐ 关键事物 2：

☐ 关键事物 3：

☐ 关联性思考 1：

☐ 关联性思考 2：

☐ 关联性思考 3：

【项目 3】

☐ 关键事物 1：

☐ 关键事物 2：

☐ 关键事物 3：

☐ 关联性思考 1：

☐ 关联性思考 2：

☐ 关联性思考 3：

【项目 4】

☐ 关键事物 1：

□ 关键事物 2：

□ 关键事物 3：

□ 关联性思考 1：

□ 关联性思考 2：

□ 关联性思考 3：

9.在关键事物与关联性思考中，蕴含着创新创业项目的切入点。很可能有的项目由于同学们的知识和阅历有限，难以发现关键事物或难以展开关联性思考，那么请通过网络查询和小组讨论，完成至少 3 个项目的研讨，并进行成果分享。

□ 我们的项目 1 是：

□ 我们寻找到的项目 1 的切入点是：

□ 项目 1 的创新点是：

□ 项目 1 在建筑行业及相关专业领域应用的价值是（解决了谁的问题或需求）：

□ 我们的项目 2 是：

□ 我们寻找到的项目 2 的切入点是：

□ 项目 2 的创新点是：

□ 项目 2 在建筑行业及相关专业领域应用的价值是（解决了谁的问题或需求）：

□ 我们的项目 3 是：

□ 我们寻找到的项目 3 的切入点是：

□ 项目 3 的创新点是：

□ 项目 3 在建筑行业及相关专业领域应用的价值是（解决了谁的问题或需求）：

✓　我在小组工作中的贡献度，按小组整体为 100% 计算，我应该占＿＿＿＿%。

我们小组是否积极进行了分享？　　□是　　　□否

**三、什么是好的创业机会**

1. 十九大报告中明确提出，新时代我国社会主要矛盾是人民日益增长的美好生活需要和不平衡不充分的发展之间的矛盾。那么，把握住这个主题，能在某个方面的一定程度上解决或缓解这个矛盾的创业机会，就是好机会。

2. 对于初次创业者而言，创业机会应是适于小团队、轻资产启动的，能够用创新的方法解决现实问题或更好地满足需求，且能在未来的情景下，持续满足人民生活与工作需求的商机。其中的关键词是：小团队、轻资产、创新、商机、持续。

3. 请小组从"小团队、轻资产、创新、商机、持续"的角度来论证一下前述的 3 个项目是否可以成为好的创业机会？

我们小组的论证结果是：

✓　我在小组工作中的贡献度，按小组整体为 100% 计算，我应该占＿＿＿＿%。

我们小组是否积极进行了分享？　　□是　　　□否

**四、课程作业**

1. 知识性作业

● 创业机会的本质与要素是什么？

● 如何识别创业机会？

● 如何用识别创业机会的方法来发现更好的就业机会？

● 如何看待一个用人单位的市场机会对你职业发展的影响？

2. 调研性作业

针对你的研究样本，思考他们在什么趋势下把握住了哪些机会？

□ 把握住了哪些趋势？

□ 做了哪些事？

□ 对今后的趋势判断。

□ 打算做哪些事？

□ 正在或计划进行哪些创新？

□ 你对他们今后打算的看法是什么？

□ 需要将你们的谈话（聊天）记录截图贴在作业本上；如果是面谈，需要附上你们的现场合影。

3. 实践性作业

● 描述一下你们组 3 个项目的应用场景（提示：建议使用绘图的方式描述，需包含时间、地点、人物、产品与服务载体等要素）。

● 对你们组 3 个项目进行分享，说明其是否具有符合创业机会的要素（如商机、创新、小团队、轻资产、可持续等）。

● 基于 3 个项目的切入点，如果启动这个创业项目你认为会存在哪些问题或风险？需要首先解决哪些问题？

● 与你的导师谈谈你们组的 3 个项目和你们的切入点，将导师的反馈记录下来。需要将你们的谈话（聊天）记录截图贴在作业本上；如果是面谈，需要附上你们的现场合影。

**五、案例学习与思考——建筑业及相关行业的机会**

1. 案例介绍

建筑行业正在经历一场智慧化变革，智慧建筑的世界正从科幻小说逐步变成现实。畅想智慧建筑的未来，建筑的物理世界与数字世界逐渐融合，建筑对人的想法与行为进行模拟、预判、感知和响应，通过对楼宇的精确控制全面满足人的需求。未来的智慧建筑具有自适应、自学习、自协调和自寻优的能力，实现环境随心而动，用户舒适高产。

建筑业及地产行业的新常态引发了人们对智慧建筑的进一步关注，而科技的进步成为智慧建筑方案加速成熟的催化剂。地产行业方面，住宅市场增长见顶，房地产企业资产运营能力越发重要，价值创造模式从粗放式发展向精细化经营转型。科技发展方面，数字化技术驱动地产行业升级，以人工智能为代表的数字技术逐渐成熟，随之而来的智能化浪潮赋能传统业务向精准的商业模式转型。行业周期与技术趋势的演变推动地产行业加速进入数字时代，智慧建筑成为转型的重要战场。

据前瞻产业研究院预计，2018 年，我国智慧建筑行业总的市场规模达到 5500 亿元。其中，存量改造市场规模约为 2300 亿元，占 42%；而新建智慧建筑市场规模约为 3200 亿元，占 58%。智慧建筑行业在我国尚处于发展早期，未来随着市场需求增加，行业生态进一步完善，行业市场规模还会逐渐增大。

国内某领先的房地产集团创新业务负责人指出，一方面，持有型物业的加速布局使得资产运营的重要性得以提升，如何运用科技的力量满足用户的个性化服务与体验需求成为运营的关键；另一方面，物联网带来了数字资产的积累，借助自身体量优势，可将不同产品线中产生的海量数据搜集起来，为后续的客户服务提升与价值变现做准备。作为行业龙头，必须提前布局以谋求先发优势，与技术平台方合作共建生态，推动行业的整体变革。

微软公司全球智慧建筑方案部负责人认为，智慧建筑短期内仍将以设备为中心，聚焦运营效率的提升；而长期将以人为本，注重人的高产。地产企业需要选择开放的技术平台作为合作伙伴，兼容不同的解决方案，支撑前端应用的持续创新。随着技术的不断进步以及应用场景的推陈出新，智慧建筑的潜在价值包括：

● 节能降耗：利用物联网、大数据以及人工智能技术，实现能源效率与体验舒适度的平衡，在有益环保的同时大幅节约能耗成本。

● 运维提升：将一栋至多栋楼的设备横向打通，实现统一管理、远程控制、实时检测和预测性判断。在保持建筑或建筑群处于最佳运行状态的同时，大幅减少手动密集型任务的需求。

● 精细化管理：支撑地产企业基于整合的数据设立行之有效的地产运营管理标准。通过量化指标识别机会点，并进行有针对性的改进与提升。

● 提升生产力：智慧建筑使空间更加灵活，适应性更强。舒适的环境对使用者的生产力提升影响巨大，因为它影响员工的健康、认知能力、解决问题的能力、注意力和创新能力。

● 持续性优化：充分捕捉与反馈用户的使用习惯数据从而形成闭环，应用场景在数据的支持下持续优化提升，智慧建筑时时刻刻在学习，每时每刻在进化。

2. 案例思考

请同学们结合自己的专业以及对建筑行业创新发展的思考，针对自己学校目前建筑运维的现状，从节能降耗、运维提升、精细化管理、提升教学与科研能力和持续性优化五个方面，找到可以实施校园管理智慧升级的项目机会或创新建议。

# 第 4 章　商业模式

**教学目标**

通过本章的学习，使学生掌握商业模式各要素的核心问题，认识到商业模式各要素之间的逻辑关系，能够对商业项目进行商业模式分析和提出模式创新的建议，能够完成自身项目的商业模式设计，并可将商业模式的设计与分析方法应用到专业学习、生活和职业发展中（见表 4-1）。

表 4-1　商业模式基本内容

| | 理论知识 | 能力素质 | 品格素养 |
|---|---|---|---|
| 商业模式 | 行动做事的逻辑<br>客户与用户的区别<br>痒点与痛点的区别<br>商业模式的要素<br>商业模式的设计逻辑<br>商业模式画布 | 能够把握做事的重点，系统规划做事行为<br><br>能够客观分析市场，把握客户需求<br><br>运用商业模式要素，全面分析项目的可行性<br><br>找到项目启动与发展的核心要素<br>规划项目启动和发展的初期方案 | 以探索解决新时代主要矛盾为初心，不忘初心，牢记使命<br><br>在建筑业及相关行业的实际工作中，从实际出发，实事求是<br><br>田野调查，获取一手数据资料<br>科学严谨的态度<br>树立大局观<br>团队合作，推进工作（项目） |

**一、做一件事情的逻辑**

1.请每个同学思考一下，在过去的一年里，你感觉到谁帮助过你。他帮你做了什么？

☐ 帮我的人：

☐ 他（她）在什么情况下或场景下帮你的？

☐ 他（她）帮你做了什么？

☐ 他（她）是怎么帮你的？

☐ 你是怎么知道他（她）在帮你的？

☐ 他（她）用哪些知识、能力或资源帮到你的？

☐ 他（她）具体做了哪些行为？

☐ 在帮你的过程中，他（她）借助了什么，或者谁又帮助了他（她）？

☐ 你认为，他（她）帮助你后，得到了什么或者对他（她）有什么样的影响？

☐ 他（她）帮你的过程中，付出了哪些或者他（她）损失了什么？

☐ 你对他（她）的这个帮助有什么感受？

将你的观点与大家进行分享，如果你分享了，给自己加 5 分。

我是否踊跃进行了分享：　□是　　□否

_____

2. 我们首先应该感谢那些帮助过你的人，心存感恩是中华民族的传统美德。其次，我们应换位思考，如果你是他（她），是否可以做得更好，是否可以用更好的方式去帮助别人，用我们的行动去践行社会主义核心价值观，让我们的社会充满爱。那么，从我做起，思考以下问题。

□ 我要帮助的对象是谁？

□ 我需要为他（她）做些什么？

□ 我要通过什么方式才能为他（她）做这些？

□ 我如何让他（她）知道我能做这些？

□ 我有哪些知识、能力和资源支持我做这些？

□ 我做这些的具体内容和行为是什么？

□ 我帮助他（她）的过程中，我需要哪些支持？谁能给我提供这些支持？

□ 我帮助他（她），能得到或收获什么？

□ 我帮助他（她），需要付出或损失什么？

将你的观点与大家进行分享，如果你分享了，给自己加 5 分。

我是否踊跃进行了分享：　□是　　□否

✓　我的课堂成绩是：

_____

3. 以上，我们是以"被帮助"或"帮助"为例，从两个视角来审视了如何做一件好事。同学们经过思考会发现，做成一件事是有逻辑可寻的，那么，这个逻辑是什么呢？都包含了哪些要素？你认为哪个要素最重要？

　　□ 我认为最重要的要素是：

　　□ 我的理由是：

✓　我的课堂成绩是：

_____

将你的观点与大家进行分享，如果你分享了，给自己加5分。

我是否踊跃进行了分享： □是　　□否

## 二、客户与用户

1. 在"被帮助"或"帮助"的做事分析中，重要的一个前提就是被帮助的对象是谁。这个对象往往我们把他看作是客户。那么让我们考虑这么一个场景，一个对高中生高考提升分数的培训机构，它的客户是谁？它的用户又是谁？在这里，我们可以简单地把客户理解为最终付款的人，用户是提供服务的受益者或产品的使用者。请每位同学在小组中提出自己的观点，并通过讨论后达成共识。

　　□ 我认为客户是：

　　□ 我认为用户是：

　　□ 老师和参加辅导班的同学的角色及作用是：

　　□ 我们组认为客户是：

　　□ 我们组认为用户是：

　　□ 我们组认为老师和参加辅导班的同学的角色及作用是：

　　□ 我们组认为客户的需求是：

　　□ 我们组认为用户的需求是：

　　□ 我们组认为客户与用户的关系是：

　　□ 我们组认为老师和参加辅导班的同学的作用是：

　　□ 如果你们就是培训机构，你们会更关注客户还是用户，理由是：

□ 在建筑行业，特别是你的专业领域中，一般情况下，客户是谁？用户是谁？请举例说明（如住宅建造、家庭装修等）：

我们小组是否分享了我们的思考？　　□是　　　□否

2.同学们要认识到，客户的需求与用户的需求可能是一致的，也可能是不同的。我们应该给予同样的关注。只有满足客户的需求，才可以将服务或产品传递出去，也就是卖出去；而关注用户的需求，也可以使用户真正地感受到服务与产品给他带来的价值。在这个过程中，可能存在用户认可了服务或产品，但认为没有必要；也有可能是客户感兴趣，但认为有更好的选择。而在这个时候，你要做的就是推动用户与客户达成共识，那些可以影响到客户与用户决策的人，就显得尤为重要了，比如前面所谈到的老师或参加了培训班的学生，他们的意见很可能左右客户与用户的决策。

3.同学们还要理解的是，客户或用户为什么要使用这个服务或产品？服务或产品到底给客户提供了哪些价值？其中就会涉及在商业上经常谈到的"痛点"与"痒点"的问题。请同学们通过手机，查找一下"痛点"与"痒点"的概念是什么，你的理解又是什么？

□ 我对痛点的理解是：

□ 我对痒点的理解是：

□ 客户的痛点/痒点与用户的痛点/痒点是否一致？为什么？

□ 基于是否上补习班的问题，分析一下客户的痛点/痒点与用户的痛点/痒点分别是什么：

✓ 我在小组工作中的贡献度，按小组整体为100%计算，我应该占＿＿＿＿＿%。

　　□ 如果你是培训机构，你将怎样把握客户的痛点 / 痒点与用户的痛点 / 痒点？

✓ 我的课堂成绩是：

＿＿＿＿＿＿＿＿

将你的观点与大家进行分享，如果你分享了，给自己加 5 分。

我是否踊跃进行了分享：　□是　　□否

**三、了解市场**

　　1.用户与客户，痛点与痒点可以使我们初步确定要面对的市场。但是，我们要知道在科技高速发展的今天，大家都在考虑如何更好地满足客户的需求，优化客户体验。只有更好地了解市场，才能使项目在激烈的市场竞争中更顺利地启动与发展。

　　2.我们需要加强对客户与客户需求的理解，请同学们用五个关键词概括你们组一个双创创意的客户的特征，也就是给客户做一个画像，让我们能更形象地了解客户，时刻记住客户。请同学们用头脑风暴的方式，先自己给出三个关键词进行概括描绘，然后小组内讨论，归纳总结出代表客户特征的五个关键词。基于这五个关键词，应该可以在脑海中形成客户的形象。

　　□ 我们针对的本组创意的客户是：

　　□ 我给出的三个关键词是：

✓ 我在小组工作中的贡献度，按小组整体为 100% 计算，我应该占＿＿＿＿％。

　　□ 我们组总结的五个关键词是：

我们小组是否分享了我们的思考？　□是　　□否

　　3.要实现对客户提供产品与服务，我们还要关注提供产品与服务的应用场景。也就是说，如果你向一个学生推荐补习课程，他是在学校应用，还是在补习班应用，还是在培训机构的教室应用，还是在网络上应用？在不同的场景下，客户会有不同的体验，注意力的关注点也是不同的。因此，应用场景是同学们需要考虑的重要因素。请同学们用五个关键词概括你们组一个双创创意的应用场景。这个场景应该是符合客户习惯，并有利于解决客户问题的。请同学们用头脑风暴的方式，先自己给出三个关键词进行应用场景的概括描绘，然后小组内讨论，归纳总结出代表应用场景的五个关键词。基于这五个关键词：

□ 我给出的三个关键词是：

□ 我们组总结的五个关键词是：

我们小组是否分享了我们的思考？　　□是　　□否

✓　我在小组工作中的贡献度，按小组整体为 100% 计算，我应该占＿＿＿＿%。

4. 项目要做的就是在特定的应用场景下，针对客户的需求，提出最优的解决方案。这就是我们常说的"以客户需求为中心"。为此要思考的三个基本点是：

● 卖给谁：客户特征。

● 卖什么：产品 / 服务。

● 怎么卖：交易与使用场景。

围绕这三个基本点可以帮助我们深入地了解市场，更好地完善我们的创意。最好的方式就是开展市场调查，通过市场调查，我们要了解的内容有：

● 价格：反映了客户为一个满意的产品 / 服务愿意支付的金额。

● 保证：反映了客户在可靠性、安全和质量方面希望得到的承诺。

● 性能：反映了客户期望产品 / 服务具有的功能和特性。

● 外观：反映了客户期望的设计质量、特性和外观等视觉特征。

● 易用：反映了客户是否容易使用到产品 / 服务来解决问题。

● 可获得性：反映了客户是否容易得到产品 / 服务。

● 生命周期成本：反映了客户使用过程中的全部成本。

● 社会接受程度：反映了影响客户购买决心的其他社会性因素。

5. 在了解客户需求的同时，也要了解竞争对手，看看竞争对手是怎么做的。我们只有做得更好，才能在项目启动后获得市场的认可和生存发展的机会。分析竞品可以从产品的四要素着手，即内容性、功能性、可用性、情感性。产品是做出来给人使用的，一款有价值的产品必定要让客户感受到有用、能用、可用、爱用。同学们要把握的是：

● 内容性——有用：主要功能解决了客户的核心需求或问题。

● 功能性——能用：能切实满足客户需求，优化客户体验，使用顺畅。

● 可用性——可用：在应用场景下使用较为方便。

● 情感性——爱用：在解决客户需求和问题的同时没有增加客户负担，便于养成使用习惯。

请同学们基于自己的生活经历和习惯，最好能结合建筑业及相关行业的应用背景，提出一个你认为有用、能用、可用、爱用的产品或服务，并进行有针对性的说明。

我提出的是：

✓ 我的课堂成绩是：

_____

将你的观点与大家进行分享，如果你分享了，给自己加 5 分。

我是否踊跃进行了分享：　□是　　□否

## 四、商业模式要素与要素逻辑

1. 做一件事的逻辑与做一个项目的逻辑具有高度的相似性。思考一个项目商业模式的基本要素也是与思考如何做好一件事的要素相一致的。

第一，我们要清楚为什么做这个项目，就如同为什么要去帮一个朋友一样，帮朋友解决的问题就几乎等同于项目中要满足的客户需求。

第二，要给朋友什么样的帮助才能解决问题，就几乎等同于你要给客户提供的产品或服务，也就是你的价值主张。

第三，如何才能帮到这个朋友，就几乎等同于你要向客户传递产品和服务的营销渠道。

第四，如何让朋友知道你能提供帮助，就几乎等同于维系你与客户之间的关系。

第五，你有什么知识、能力和资源去帮你的朋友，就几乎等同于你要开展项目的核心资源。

第六，你要帮朋友具体做些什么，就几乎等同于你要在项目中开展的关键业务。

第七，你需要得到哪些帮助才能更好地帮助朋友，就几乎等同于你开展业务时的伙伴网络。

第八，你向朋友提供帮助能有什么收获或得到什么，就几乎等同于你通过项目获得的收益。

第九，你为了帮助朋友需要付出什么，就几乎等同于你在开展项目的过程中需要支付的成本。

2. 那么，我们就简单总结出了商业模式的基本要素，包含了客户细分、价值主张、营销渠道、客户关系、核心资源、关键业务、伙伴网络、收入来源和成本结构。请同学们通过教材或网络，加之个人的理解，了解这些要素的基本概念，并与大家分享。

□ 我理解的客户细分是：

客户细分的主要作用是：

□ 我理解的价值主张是：

价值主张的主要作用是：

□ 我理解的营销渠道是:

营销渠道的主要作用是:

□ 我理解的客户关系是:

客户关系的主要作用是:

□ 我理解的核心资源是:

核心资源的主要作用是:

□ 我理解的关键业务是:

关键业务的主要作用是:

□ 我理解的伙伴网络是:

伙伴网络的主要作用是:

□ 我理解的收入来源是:

收入来源的主要作用是:

□ 我理解的成本结构是:

成本结构的主要作用是:

将你的观点与大家进行分享,共 9 个要素,每分享 1 个,给自己加 5 分。

我是否踊跃进行了分享: □是　　□否

✓ 我的课堂成绩是:

_____

3. 请同学们围绕本组在"发现机会"学习中思考的三个项目之一,从商业模式要素的角度对其进行分析,考虑如果要启动这个项目你们最看重哪些要素? 为什么? 请通过对商业模式要素进行排序的方法,说明你们的看法,与大家分享。

□ 我们思考的项目是:

□ 对这个项目,商业模式要素的排序是(从重要到次要):

□ 我们排序在前三要素的理由是:

我们小组是否分享了我们的思考？　□是　　□否

✔　我在小组工作中的贡献度，按小组整体为 100% 计算，我应该占＿＿＿＿%。

4.启动一个项目与运作一个项目，从商业模式要素的重要程度上看是有区别的；同时，不同项目以及不同的团队特质，对商业模式要素的重要程度的认知也是不同的。一般而言，启动一个项目，更应该首先从市场的角度去思考，也只有得到了市场的认可，项目才可开展并持续。基于此，项目启动时商业模式要素的思考顺序是：

5.前述商业模式的九个要素是较为基本的，也并不能够回答要启动一个项目的所有问题，还需要在九个基本要素的基础上进行细化与拓展。

□ 针对客户细分，还需要明确客户需求，明确这个需求是客户的痛点还是痒点。为了使项目能有效地启动，还需要找到天使客户，也就是第一批付费体验到价值主张（你的产品或服务）的人群。只有明确这一人群并找到这个人群，项目才有了鲜明的针对性和可落地性。同时，这一人群对你产品与服务的反馈也将有利于项目的发展与完善。

针对本组项目的客户的需求是：

如何找到针对本组项目的天使客户：

□ 营销渠道和客户关系都是连接客户的纽带。大家通常所说的市场竞争，也正是发生在这里，其核心就是争夺客户。为此就要准备好市场竞争的策略。

针对本组项目的市场竞争策略是：

□　要想在激烈的市场竞争中生存并取得优势或胜利，就需要有自身的核心竞争力，核心竞争力关联到的不仅仅是营销渠道和客户关系，更主要的是项目本身的价值主张的体现，也就是产品与服务的创新、特色和价值体验。而给客户提供好的价值主张还需要在核心资源和关键业务方面有所作为。即，核心竞争力关联到的要素有营销渠道、客户关系、价值主张、核心资源和关键业务。请同学们针对本组项目进行细致的分析，分析中要对比你可能的竞争对手，分析后进行分享。

本组项目在营销渠道方面的核心竞争力是：

本组项目在客户关系方面的核心竞争力是：

本组项目在价值主张方面的核心竞争力是：

本组项目在核心资源方面的核心竞争力是：

✓　我在小组工作中的贡献度，按小组整体为 100% 计算，我应该占＿＿＿＿＿%。

本组项目在关键业务方面的核心竞争力是：

我们小组是否分享了我们的思考？　　□是　　　□否

□　即便是有了核心竞争力，也要找到合适的启动时间，这就是项目的时间窗口。什么时候推出你的产品与服务，什么时候向客户提供你的价值，也是启动项目要考虑好的要素。比如，情人节提出围绕玫瑰花的服务，儿童节提供针对少儿的产品，5G 网络铺设完成前后提供基于 5G 应用的服务等。请同学们思考，针对你们本组的项目在什么时间、地点发布为好呢？

本组项目的时间窗口在哪里？为什么？

　　□ 启动任何一个双创项目都是需要一个团队的，这个团队可能是固定的，也可能是松散的。团队既是项目启动的核心资源的重要组成部分，也是完成关键业务的依托。那么，请同学们思考，你们的团队需要什么样的成员才能有利于项目的顺利启动呢？

　　本组项目需要的双创团队的构成与人员要求是：

　　□ 大家都知道，创业是九死一生，要面临很多的不确定性，具有极高的风险，当然也会带来很高的回报。创业最大的风险往往体现在收入与成本的不平衡，也就是入不敷出。这将造成项目的资金链断裂，导致项目停滞或终止。而风险是来自于多个方面的。请同学们针对本组项目，从以下几个要素去理解和认知创业风险。

　　本组项目的价值主张是否向客户提供了真正的价值，具有哪些不确定性：

　　本组项目的营销渠道具有哪些不确定性：

　　本组项目的客户关系具有哪些不确定性：

　　本组项目的核心竞争力具有哪些不确定性：

　　本组项目把握的时间窗口具有哪些不确定性：

　　本组项目的核心资源具有哪些不确定性：

本组项目的关键业务具有哪些不确定性：

本组项目的创业团队具有哪些不确定性：

本组项目的收入来源具有哪些不确定性：

✓　我在小组工作中
的贡献度，按小组整
体为 100% 计算，我
应该占＿＿＿＿＿%。

本组项目的成本结构具有哪些不确定性：

我们小组是否分享了我们的思考？　　□是　　　□否

## 五、商业模式画布

1.基于前述对商业模式 9 个基本要素的分析，我们可以通过商业模式画布进行展示（见图 4-1），这样将更有利于理解 9 个基本要素之间的关系。

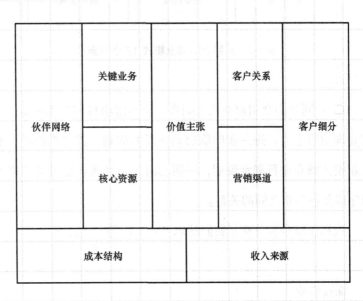

图 4-1　商业模式 9 个基本要素

□ 请同学们利用商业模式画布，将本组项目的商业模式要素填写进去，并将你们的项目的商业模式画布进行展示说明，说明的时候请注意各要素的重要性排序以及各要素之间的关系。

我们小组是否分享了我们的思考？　　□是　　　□否

2.拓展后的商业模式画布

□　前面，我们将商业模式要素进行了拓展，由 9 个基本要素拓展为了 17 个要素，要素拓展后依然可以利用商业模式画布进行系统的表述（见图 4-2）。

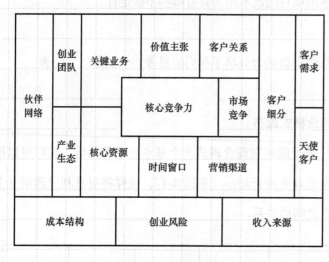

**图 4-2　拓展后的商业模式 17 个要素**

□　请同学们利用商业模式画布，将本组项目拓展后的商业模式要素填写进去，进一步明确启动项目的规划，并将你们项目的商业模式画布进行展示说明，说明的时候请注意各要素的重要性顺序以及各要素之间的关系。

我们小组是否分享了我们的思考？　　□是　　　□否

六、课程作业

1.知识性作业

● 你认为什么是商业模式？

● 分别阐述商业模式 9 项基本要素主要分析哪些问题？

● 商业模式的本质是什么？其价值在哪里？

✓　我在小组工作中的贡献度，按小组整体为 100% 计算，我应该占_____%。

✓　我在小组工作中的贡献度，按小组整体为 100% 计算，我应该占_____%。

● 利用商业模式要素和要素之间的逻辑关系还能分析处理哪些问题？请举例说明。如分析建筑行业中用人单位的业务状况、分析一个家庭的情况、考察一个项目的执行情况等。

2. 调研性作业

● 针对你的研究样本，利用商业模式9要素进行系统性分析，绘制出研究样本的商业模式画布。

● 针对你的研究样本，回答以下问题：

（1）它们的客户群体主要是哪些人？

（2）它们的产品系列或服务内容都包括什么？

（3）它们是怎么进行市场推广的，建立了哪些销售渠道？

（4）如果你是它们的客户，你会重复采购它们的产品或服务吗？为什么？

（5）它们通过哪些产品和服务获得收入？是怎样获得收入的？

（6）你发现了有哪些资源支持它们为客户提供产品和服务？

（7）你认为它们为向客户提供产品和服务的时候做了什么？

（8）你认为它们拥有哪些资源后，企业会发展得更好？

（9）你认为它们为经营这家企业需要支付哪些成本？

（10）你认为它们的文化是什么？

（11）你认为它们最大的问题与今后的不确定性是什么？

● 针对你的研究样本，提出1~2条改进商业模式的建议。

● 将你的建议反馈给它们，它们对你建议的看法是怎样的。需要将你们的谈话（聊天）记录截图贴在作业本上；如果是面谈，需要附上你们的现场合影。

● 研究一下建筑业及相关行业，或你所在专业的行业中典型企业的商业模式，并用商业模式画布的方式表达出来。

● 针对你所在专业的行业中典型企业的商业模式，你认为最有可能进行创新的要素是哪些，你打算怎么创新？

3. 实践性作业

● 请完成一份市场调查问卷的设计，并尽量多地开展调查，获得数据量应不少于 500 个样本。需提交问卷样本和统计分析报告。

● 针对本组的三个创意，通过网络分别寻找出两个竞争对手（或潜在的竞争对手），从内容性、功能性、可用性、情感性四个维度进行竞品分析。提交作业需先说明竞争对手的情况，再进行对比说明。

● 通过小组讨论，对你们小组的一个创新创业创意中的 2~3 个要素做出一个创新性的改变，基于这个改变重新设计这个项目的商业模式，请使用 17 要素的商业模式画布进行表达。

● 与你的导师谈谈小组三个创意的商业模式，以及你们的商业模式创新。将导师的反馈记录下来。需要将你们的谈话（聊天）记录截图贴在作业本上；如果是面谈，需要附上你们的现场合影。

## 七、案例学习与思考——建筑业及相关行业的商业模式及创新

1. 案例介绍

小王是一名即将攻读建筑专业的研究生，为找到本专业更具有前景的发展方向，她查阅了大量有关建筑行业商业模式的文献并就此提出了以"科技创新"主导建立"绿色建筑＋城市综合体＋生态城市"的商业模式，即中国建筑行业要想跟上时代发展的潮流，在国际市场占领一席之地，就要一改往日简单粗放的建筑施工形象，就要在科技能力上取得突破；要想能够承担目前及未来的"高大精尖"项目，就要从根本上在诸如勘察设计、材料

创新、施工技术等方面获得发展。技术创新以市政施工单位为客户，服务于居民，为人们提供更加便利和更加健康的居住条件，同时建筑行业以高技术保证高能力，获得大项目，赢得高利润（用户画像）。

2. 案例思考

团队经过商量，现对建立新型商业模式提出了几点疑问。假如你是小王，你会如何考虑以下几个问题？

（1）我国建筑行业的痛点是什么？

（2）发达国家对建筑行业的创新主要表现在哪里？

（3）我们如何将绿色建筑和高新技术相结合并使其和谐统一？

（4）快节奏的现代都市如何打造城市综合体？

（5）新型商业模式的应用与前景分析？

（6）新型建筑行业商业模式会产生一种新型施工模式吗？

（7）若是会产生新型施工模式，如何从简单粗放的旧施工模式过渡到新型施工模式？

# 第5章 创业风险

**教学目标**

通过本章的学习，使学生建立科学客观的风险意识，能够对事物进行风险分析，可以设计基本的风险处置方案，通过风险分析优化自身的项目创意。可以将识别风险与应对分析的方法应用到专业学习、生活和职业发展中（见表5-1）。

表 5-1　创业风险基本内容

| | 理论知识 | 能力素质 | 品格素养 |
|---|---|---|---|
| 创业风险 | 风险的产生<br>风险的分类<br>风险分析的方法<br>风险的处置方法<br>对待风险的态度<br>建筑及房地产行业的特有风险：施工方案、进度计划、成本预算、费用支出、工程质量低劣等 | 能够客观系统地分析项目风险<br>能够系统梳理风险，认识事物发展的不确定性<br>能够设计风险预案<br>能够通过风险分析，优化与筛选项目 | 建立科学的风险观，勇于探索，敢闯会创<br>不畏挫折，艰苦奋斗，白手起家的精神<br>具有积极整合与利用资源的意识 |

**一、创业风险认知**

1.同学们应该知道，机会与风险同在，往往是机会越大风险也越大。做任何事情都是有风险的，趋利避害，预知风险、控制风险并应对与处置风险是我们必须要考虑的。比如三峡工程、港珠澳大桥等工程的巨大成功背后，是建设者们用自己的智慧与努力战胜了诸多的风险与挑战，通过科学的预知风险、分析风险与处置风险保证了工程的顺利完工。相比之下，开办一家装修装饰公司很容易，但是要面对激烈的市场竞争，如何才能有客户，如何才能把项目做好，如何才能让客户满意，其中也存在诸多的风险。

2.请同学们针对本组的一个项目，从风险的角度进行分析。每位同学先进行独立的分析，尽可能多地罗列出自己对这个项目的风险考虑，填制完成表5-2。

表 5-2　本组项目的风险考虑

| 我们分析的项目是： | | |
| --- | --- | --- |
| 遇到什么问题 | 导致什么风险 | 产生什么影响 |
| 举例：钱不够 | 项目资金链断裂 | 项目停滞/终止、人员离职 |
| | | |
| | | |
| | | |
| | | |
| | | |
| | | |

3.小组内分享每位同学对本组这个项目的风险看法并进行归纳总结，按照风险的严重程度，列出这个项目的十大风险并进行

分享和说明（见表 5-3）。

表 5-3　本组项目的十大风险

| 我们分析的项目是： | | |
| --- | --- | --- |
| 遇到什么问题 | 导致什么风险 | 产生什么影响 |
| 1 | | |
| 2 | | |
| 3 | | |
| 4 | | |
| 5 | | |
| 6 | | |
| 7 | | |
| 8 | | |
| 9 | | |
| 10 | | |

我们小组是否分享了我们的思考？　□是　　□否

✔　我在小组工作中的贡献度，按小组整体为 100% 计算，我应该占_____%。

4.在上述分析的基础上，我们对风险进行简单的归纳与分类，便于我们更顺利地启动项目，规避启动项目的风险。

创业风险会体现在哪些要素或环节？

□ 创业机会的选择：

□ 创业团队的组建与管理：

□ 创业资源的开发与管理：

□ 产品 / 服务的研发：

□ 创业资金的获取与使用：

□ 市场开发与营销：

□ 外部竞争：

□ 其他：

✔　我在小组工作中的贡献度，按小组整体为 100% 计算，我应该占_____%。

我们小组是否分享了我们的思考？　□是　　□否

**二、创业风险分析**

1. 创业的过程是一个商业模式设计、实现、创新与调整的过程。这个过程中充满了不确定性，这也正是造成创业风险的主要原因。在同学们对本组项目的风险有了初步认知的基础上，我们以如何顺利启动这个项目为主题，从商业模式设计与实现的角度对项目风险再次进行分析。

2. 从拓展后的商业模式 17 要素入手，我们需要对本组项目商业模式的每个要素进行风险分析，充分看到其中存在的不确定性，也就是可能的风险。

□ 客户细分的不确定性：

□ 客户需求的不确定性：

□ 天使客户的不确定性：

□ 营销渠道的不确定性：

□ 客户关系的不确定性：

□ 市场竞争的不确定性：

□ 价值主张的不确定性：

□ 核心竞争力的不确定性：

□ 时间窗口的不确定性：

□ 核心资源的不确定性：

□ 关键业务的不确定性：

□ 伙伴网络的不确定性：

□ 创业团队的不确定性：

□ 产业生态的不确定性：

□ 收入来源的不确定性：

□ 成本结构的不确定性：

3. 从顺利启动本组项目的角度来看，通过小组讨论，将具有不确定性的商业模式要素进行排序，看看哪些具有不确定性的商业模式要素带来的风险最大，将要素风险由大到小进行排序，并说明理由。

□ 我们组的项目是：
□ 我们的排序是：

□ 说明排序在前三与后三的要素，我们的理由是：

□ 如果前三个要素的风险不能有效解决，我们的打算是：

我们小组是否分享了我们的思考？　　□是　　□否

✓　我在小组工作中的贡献度，按小组整体为 100% 计算，我应该占＿＿＿＿%。

4. 一般我们将风险分为系统性风险和非系统性风险。系统性风险是由某种全局性的共同因素引起的，创业者或创业企业本身控制不了或无法施加影响，并难以采取有效方法消除的风险，因此，系统性风险也称为"不可分散风险"如环境风险、市场风险等。非系统性风险是由特定创业者或创业企业自身因素引起的，只对该创业者或创业企业产生影响，如技术风险、财务风险等。

□ 请同学们针对一家装修装饰公司的运营，从系统性风险的角度分析一下本项目的风险有哪些。

■ 它们提供的产品和服务是否存在市场？
■ 市场多久才能接受它们提供的产品和服务？
■ 什么时候才能迎来市场的爆发？
■ 市场上的竞争情况怎么样？
■ 什么时候或什么情况下能够获得投资？

■ 是否能够找到配套且实用的技术？

■ 是否能够找到合适的员工或伙伴？

■ 上下游市场的合作者能否接纳它们？

■ 政策法规的变化是否会影响到它们？

■ 项目是否具有政府许可的要求或壁垒？

□ 请同学们针对本组的项目，从系统性风险的角度分析一下本项目的风险有哪些。

■ 我们提供的产品和服务是否存在市场？

■ 市场多久才能接受我们提供的产品和服务？

■ 什么时候才能迎来市场的爆发？

■ 市场上的竞争情况会怎么样？

■ 什么时候能够获得投资？

■ 是否能够找到配套且实用的技术？

■ 是否能够找到合适的员工或伙伴？

■ 上下游市场的合作者能否接纳我们？

■ 政策法规的变化是否会影响到我们？

■ 我们的项目是否具有政府许可的要求或壁垒？

□ 请同学们针对一家装修装饰公司的运营，从非系统性风险的角度分析一下本项目的风险有哪些。

■ 公司的产品和服务的特色研发能否成功？

■ 相关合作者能否提供技术配套？

■ 产品与服务的特色研发能否按计划完成？

■ 公司运作资金能否得到保障？

■ 市场开发资金能否得到保障？

■ 团队成员是否能同心协力？

■ 能否留住关键工作人员？

■ 团队领袖能否发挥作用？

□ 请同学们针对本组的项目，从非系统性风险的角度分析一下本项目的风险有哪些。

■ 产品研发能否成功？

■ 相关合作者能否提供技术配套？

■ 产品研发的能否按计划完成？

■ 产品研发资金、生产资金能否得到保障？

■ 市场开发资金能否得到保障？

■ 创业团队成员是否能同心协力？

■ 能否留住关键工作人员？

■ 团队领袖能否发挥作用？

我们小组是否分享了我们的思考？　　□是　　□否

✓ 我在小组工作中的贡献度，按小组整体为 100% 计算，我应该占＿＿＿＿％。

### 三、创业风险预防与应对

1. 风险的预防是指在风险损失发生前为消除或减少可能引发损失的各种因素而采取的处理风险的具体措施，其目的在于通过消除或减少风险因素来达到降低损失发生概率。应对系统性风险需要创业者对其所处的创业环境进行合理评估，通过层层细化、逐级分析，熟悉创业的宏观环境、行业环境、地区环境等，进而做出对风险的预判和预案。应对非系统性风险需要创业者对机会选择风险、人力资源风险、技术风险、管理风险、财务风险等方面进行深入的分析，优化管理手段来预防风险或减少损失。

2. 既然创业风险避免不了，那么同学们就应该具有应对风险的心理准备和心理素质。请每位同学写出 3 个应对风险需要具备的心理特质，小组总结归纳出 5 个可以应对风险的心理特质。

□　我提出的应对风险的心理特质是：

□　小组归纳总结出的提出应对风险的心理特质是：

我们小组是否分享了我们的思考？　　□是　　　□否

✓　我在小组工作中的贡献度，按小组整体为 100% 计算，我应该占_____%。

3. 创业者的心理素质对于创业而言有着举足轻重的作用，良好的心理素质是成功创业的基石，创业者在创业过程中应该具备独立性与合作性、敢为性与克制性、坚韧性与适应性等心理素质。在某种程度上讲，创业是人格塑造的有效方式，也是一种人生的修为。

4. 前面我们通过风险分析，从不同的维度进行了对风险的认知，这也为应对预知和处置风险奠定了基础。风险并不可怕，规避与降低风险也是有一些基本方法的。

第一步：罗列、穷尽特定项目所对应的风险来源。

第二步：将每类风险来源下的风险具体化。

第三步：客观估计各类风险因素发生的概率。

第四步：剔除发生概率小的风险因素，重视发生概率大的风险因素。

第五步：在发生概率大的风险因素中，重视一旦发生就将造成较大损失的风险因素。

第六步：制定科学合理的风险管理预案。

同学们需要做的是将特定的创业项目和项目的商业模式结合起来，分析和判断创业风险的具体来源、发生概率，测算风险损失，预知主要风险因素，测算冒险创业的"风险收益"，估计自己的风险承受能力，进而进行风险决策，提前准备相应的"风险管理预案"。

　　5. 风险应对是创业者在风险评估的基础上，选择最佳的风险管理技术，采取及时有效的方法进行防范和控制，用最为经济合理的方法来综合处理风险，以实现最强安全保障的一种科学管理方法。常用的风险应对方法有风险避免、风险自留、风险预防、风险抑制和风险转嫁等。请同学们针对本组的项目存在的风险，考虑一下对不同的风险分别采取哪些应对方法。

　　□ 风险避免是指设法回避损失发生的可能性，从根本上消除特定的风险或中途放弃某些存在风险的业务。针对本组的项目存在的风险，可以采用风险避免的有：



　　□ 风险自留是使创业者自我承担风险损失的一种方法。针对本组的项目存在的风险，可以采用风险自留的有：



　　□ 风险预防是指在风险损失发生前为消除或减少可能引发损失的各种因素而采取的各种应对措施。针对本组的项目存在的风险，可以采用风险预防的有：



　　□ 风险抑制是指在损失发生时或在损失发生后为缩小损失幅度而采取的各种应对措施。针对本组的项目存在的风险，可以采用风险抑制的有：



　　□ 风险转嫁是指创业者为避免承担风险损失，有意识地将损失或与损失有关的财务后果转嫁给他人去承担的一种风险管理办法。针对本组的项目存在的风险，可以采用风险转嫁的有：

✓　我在小组工作中的贡献度，按小组整体为 100% 计算，我应该占_____%。

我们小组是否分享了我们的思考？　　□是　　　□否

6. 风险应对策略是创业者或创业企业需要针对风险评估的结果和具体的评估环境选择合适的风险应对方法，采用科学的风险应对策略。如对于损失金额小的风险采取风险自留的方式，对于那些出现概率大、损失金额高的风险采用风险转嫁的方式等。同学们可根据表 5-4 选择相应的风险应对策略。

表 5-4　风险应对策略选择依据

| 风险损失 | 高频率 | 低频率 |
|---|---|---|
| 高程度 | 风险避免<br>风险抑制<br>风险转嫁 | 风险避免<br>风险抑制 |
| 低程度 | 风险避免<br>风险预防 | 风险自留 |

7. 请各组同学利用表 5-4，将本组项目的风险填入表 5-5，形成一个简洁的风险应对预案。这样做有利于同学们理性面对今后项目启动的各类风险挑战，更好地建立项目信心。

表 5-5　风险应对策略选择依据（模板）

| 风险损失 | 高频率 | 低频率 |
|---|---|---|
| 高程度 | | |
| 低程度 | | |

**四、课程作业**

1. 知识性作业

● 什么是创业风险？

● 创业风险是怎样产生的？你是怎样看待创业风险的？

● 基于你对风险的理解并结合日常生活，请以驾驶员新手上路为例，对风险防范的方法进行说明。

● 你认为的创新与创业风险的关系是什么？说一说创业风险的应对需要哪些创新？

● 创新是有风险的，你会因为创新存在风险就停止创新吗？是什么原因导致你愿意继续创新？有哪些方法可以在创新的过程中规避风险？

● 建筑业及房地产行业，以及你的专业领域目前存在哪些创业风险？在这个专业领域发展，如何规避和应对可能发生的创业风险？

2. 调研性作业

● 针对你的研究样本，利用商业模式 9 要素，对其进行整体性的风险分析，然后通过沟通了解它们是如何应对你预见的风险的。

● 针对你的研究样本，利用系统性风险和非系统性风险的分析方法，对其进行整体性的风险分析后，通过沟通，了解它们是如何应对你预见的风险的。

□ 针对你的研究样本，回答以下问题：

□ 客户群体导致的风险有：

□ 客户需求导致的风险有：

□ 营销渠道导致的风险有：

□ 客户关系导致的风险有：

□ 市场竞争导致的风险有：

□ 价值主张导致的风险有：

□ 核心竞争力导致的风险有：

□ 核心资源导致的风险有：

□ 关键业务导致的风险有：

　　□ 伙伴网络导致的风险有：

　　□ 经营团队导致的风险有：

　　□ 产业生态与产业政策导致的风险有：

　　□ 收入来源导致的风险有：

　　□ 成本结构导致的风险有：

　　● 将你的建议反馈给你的研究样本，它们对你建议的看法是怎样的？需要将你们的谈话（聊天）记录截图贴在作业本上；如果是面谈，需要附上你们的现场合影。

　　3. 实践性作业

　　● 通过小组讨论，分别利用商业模式 9 要素，以及利用系统性风险和非系统性风险的分析方法，完成本组的三个创意项目的风险分析。分析后，删除一个风险最大的或难以应对的项目，保留下两个项目，并从风险的角度排出优先级。

　　● 与你的导师谈谈小组是如何通过风险分析选定两个项目的，将导师的反馈记录下来。需要将你们的谈话（聊天）记录截图贴在作业本上；如果是面谈，需要附上你们的现场合影。

**五、案例学习与思考——建筑业及房地产行业的创业风险**

　　1. 案例介绍

　　2003 年，小张从国内某知名建筑高校本科毕业，进入一家大型国企设计院工作。经过三年的时间，他不仅有了一定的项目设计经验，还结识了几位来自不同专业的设计师。小张虽然月薪过万，在同学中也是佼佼者，但并不满足于此。工作三年之后，2006 年，小张和三位合伙人在北京创办了自己的设计所，还租了几间办公室，主营业务是二次装修和施工改造项目的方案设计。创业的前两年，小张的公司经营得不错，创业小伙伴们都是来自不同专业方向的设计师，他们组成的设计团队有着一定的实际工程经验，并且凭借着在之前工作中积攒的人脉带来的项目资源，使得小张的收入每月多加了一个零，而且他们自己的员工也有 11人。那个时候设计所的业务量很大，尽管工作忙碌，心情却是舒爽的。但是好景不长，2009 年开始，业务量慢慢减少，公司的收入越来越少，小张和合伙人备感忧虑。

2. 案例思考

（1）针对该案例，请利用商业模式 9 要素进行案例风险分析。

（2）针对该案例，请利用系统性风险和非系统性风险的分析方法进行案例风险分析。

（3）你知道哪些方法可以规避、应对这些出现的风险？

# 第6章 创业资源

**教学目标**

通过本章的学习，使学生认识到资源的多样性和不同资源对创新创业的作用与价值，可以进行简单的项目资源分析与资源评估，能够建立正确的资源观，掌握并运用资源分析、资源获取与整合的方法，推动自身项目的落地执行与商业模式的实现；同时，可以将所学运用到专业学习、生活与职业发展中（见表6-1）。

表6-1 创业资源基本内容

| | 理论知识 | 能力素质 | 品格素养 |
|---|---|---|---|
| 创业资源 | 资源构成<br>资源盘点<br>资源评估方法<br>资源获取与整合的方法 | 能够基于项目有针对性地分析资源状况<br>能够主动获取与整合资源<br>能够利用资源，发挥资源效能<br>能够有意识地积累适合自我发展的资源 | 建立正确的资源观<br>消除"等靠要"的思想<br>强化自强奋斗的观念<br>建立合作共赢的资源整合理念 |

**一、创业资源的分类**

1. 我们都是成长在一个资源丰富且复杂的环境中，资源在我们的成长中发挥着重要的作用。请同学们思考在你成长的历程中，取得过哪些让你引以为荣的成绩，又有哪些遗憾？是什么原因使你取得了成绩，又是什么原因造成了遗憾呢？请拿出三个成绩和两个遗憾进行分析。

□ 第一件让我以你为荣的事情或成绩是：


取得成绩的原因是（从自身努力、知识、技能、资源、机遇等方面分析）：


□ 第二件让我以你为荣的事情或成绩是：


取得成绩的原因是（从自身努力、知识、技能、资源、机遇等方面分析）：


□ 第三件让我以你为荣的事情或成绩是：


取得成绩的原因是（从自身努力、知识、技能、资源、机遇等方面分析）：


□ 第一件让我遗憾的事情是：


造成这个遗憾的原因是（从自身努力、知识、技能、资源、机遇等方面分析）：

□　第二件让我遗憾的事情是：

造成这个遗憾的原因是（从自身努力、知识、技能、资源、机遇等方面分析）：

通过以上的分析，我们可以发现，成绩与遗憾都是多种要素综合作用的结果，但是，资源也发挥着重要的作用，但资源也只有作用到自身才能发挥作用。资源包括了自身资源，还有外部资源与机遇支撑。请与大家分享你的自我分析。如果你分享了，给自己加 5 分。

✔　我的课堂成绩是：

我是否踊跃进行了分享：　□是　　□否

———————————

2. 要想使项目顺利启动、顺利发展，创业资源是必不可少的。那么，请各组同学围绕本组两个项目之一，利用商业模式 9 要素（核心资源除外），进行针对性的资源需求分析。看看自己的项目需要哪些资源才能顺利启动和发展，同时还要考虑这些资源是否能应对该要素中存在的不确定性，也就是创业风险。完成下面的分析后，与同学们分享，听取大家的意见与建议。

□　发现客户需求，找到天使客户，需要的资源有：

□　建立有效的营销渠道，需要的资源有：

□　建立并维护良好的客户关系，需要的资源有：

□ 有效提供我们具有竞争力的产品和服务，需要的资源有：

□ 完成我们的关键业务，需要的资源有：

□ 建立良好的上下游合作伙伴网络，需要的资源有：

□ 扩大我们的收入来源，需要的资源有：

□ 合理控制我们的成本支出，需要的资源有：

□ 通过前面的分析，我们启动项目并推动项目发展，需要的资源有：

✓ 我在小组工作中的贡献度，按小组整体为100%计算，我应该占_____%。

我们小组是否分享了我们的思考? □是    □否

3. 基于前面的分析，我们可以将创业资源分为六类，即团队自身的人力资源，自身所拥有的财务资源和物质资源，团队管理中所体现的组织资源，团队拥有的技术资源，以及项目发展所需的社会资源。人力资源、财务资源和物质资源，是团队自身的可视化资源；组织资源和技术资源是形成团队核心竞争力的关键，一般情况下体现在团队项目的运作当中；社会资源是项目团队的外部资源。在创业初期，我们应注重内部资源的挖掘与利用，并尽可能地争取外部资源。请同学们查阅资料谈一下自己对这六类资源的理解，并与大家分享，如果你分享了，给自己加5分。

□ 人力资源：

□ 财务资源：

□ 物质资源：

□ 组织资源：

□ 技术资源：

□ 社会资源：

✓　我的课堂成绩是：

　　我是否踊跃进行了分享：　　□是　　　□否

4. 基于同学们对六类创业资源的理解，针对开办一家装修装饰公司，你认为启动这家公司的业务需要在这六类资源中分别具备哪些资源。谈一下你的思考与看法，并与大家分享。如果你分享了，给自己加 5 分。

□ 业务定位及主要客户群体：

□ 人力资源：

□ 财务资源：

□ 物质资源：

□ 组织资源：

□ 技术资源：

　　☐ 社会资源：

我是否踊跃进行了分享：　　☐是　　　☐否

　　5.基于同学们对六类创业资源的理解，你认为启动本组的创业项目需要在这六类资源中分别具备哪些资源。谈一下你的思考与看法，并与大家分享。如果你分享了，给自己加 5 分。

　　☐ 业务定位及主要客户群体：

　　☐ 人力资源：

　　☐ 财务资源：

　　☐ 物质资源：

　　☐ 组织资源：

　　☐ 技术资源：

　　☐ 社会资源：

我是否踊跃进行了分享：　　☐是　　　☐否

✓　我的课堂成绩是：

## 二、创业资源的评估

　　1.资源是用于支持项目启动和发展的，而项目的启动与发展就是推动商业模式的实现，进而实现创业目标。从六类资源的分类角度，基于前面的训练，请同学们基于商业模式 9 要素盘点一下本组的项目已经具备了哪些资源，具备到什么程度，还需要哪

些资源。完成下面的分析后，与同学们分享，听取大家的意见与
建议。

□ 发现客户需求，找到天使客户。

● 我们已有的资源和程度是：

● 我们欠缺的资源是：

● 我们的策略是：

□ 建立有效的营销渠道。

● 我们已有的资源和程度是：

● 我们欠缺的资源是：

● 我们的策略是：

□ 建立并维护良好的客户关系。

● 我们已有的资源和程度是：

● 我们欠缺的资源是：

● 我们的策略是：

□ 有效提供我们具有竞争力的产品和服务。

● 我们已有的资源和程度是：

● 我们欠缺的资源是：

● 我们的策略是：

□ 完成我们的关键业务。

● 我们已有的资源和程度是：

● 我们欠缺的资源是：

● 我们的策略是：

□ 建立良好的上下游合作伙伴网络。

● 我们已有的资源和程度是：

● 我们欠缺的资源是：

● 我们的策略是：

□ 扩大我们的收入来源。

● 我们已有的资源和程度是：

● 我们欠缺的资源是：

● 我们的策略是：

□ 合理控制我们的成本支出。

● 我们已有的资源和程度是：

● 我们欠缺的资源是：

● 我们的策略是：

□ 基于前面的分析，我们对现有资源的综合分析与策略是：

我们小组是否分享了我们的思考？　　□是　　　□否

✓　我在小组工作中的贡献度，按小组整体为 100% 计算，我应该占_____%。

2. 经过前面的分析，我们已经对创业资源有了较为深刻的认识。我们知道，一个项目或企业要获得成功，其所拥有的资源和资源发挥的效能至关重要。那么，什么样的资源才能支撑项目发展的核心竞争力呢？ VRIO 是针对组织内部资源与能力，分析竞争优势和弱点的工具。VRIO 模型可以帮助大家更清晰地分析资源状况，也给出了整合与利用资源的方向。VRIO 模型，包含了四个问题性要素，即价值（Value) 问题、稀缺性（Rarity）问题、难以模仿性（Inimitability) 问题和组织（Organization）问题。

● 价值问题：企业的资源和能力能否通过项目运作增加价值。

● 稀缺性问题：有多少竞争企业已经获得了这些有价值的资源和能力。

● 难以模仿性问题：与已经获得资源和能力的企业相比，不具有某些资源和能力的企业是否面临获取它的成本劣势。也就是说，它们是否需要付出很大的代价才有可能获取这些资源和能力。

● 组织问题：企业是否被组织起来开发利用它的资源和能力，使其发挥效能。事实上，很难有一个企业或项目团队同时满足 VRIO 的四个要素，同学们的项目运作是要基于 VRIO 的四个要素努力使自己具备这些资源和能力，形成自己的核心竞争力。

3. 小组讨论并思考，如果你去创办一家装修装饰公司，在资源和能力方面，你将如何打造这家公司的核心竞争力。谈一下你的思考与看法，并与大家分享，如果你分享了，给自己加 5 分。

□ 我的思考：

我是否踊跃进行了分享：　□是　　□否

✔　我的课堂成绩是：

_____

大家会发现，虽然都是在经营一家装修装饰公司，但是打造核心竞争力的努力方向是不同的。为什么会出现这种情况？谈一下你的思考与看法，并与大家分享，如果你分享了，给自己加 5 分。

□ 我的思考：

✔　我的课堂成绩是：

_____

我是否踊跃进行了分享：　□是　　□否

4. 你们的项目如果启动，在资源和能力方面应如何打造自己的核心竞争力。将结果与同学们分享。

□ 我们小组的思考是：

✔　我在小组工作中的贡献度，按小组整体为 100% 计算，我应该占_____%。

我们小组是否分享了我们的思考？　□是　　□否

### 三、创业资源的获取与整合

1. 创业基本上都是白手起家，这也正说明了在创业初期的资源匮乏。同学们在充分分析了本组项目所需的资源和目前的资源状况，以及今后发展中打造核心竞争力的资源需求方向后，还要了解怎么才能获取资源。请同学们准备若干红白卡片，红色卡片标注你们项目需要的资源，白色卡片标注你们已有的资源（见图 6-1）。

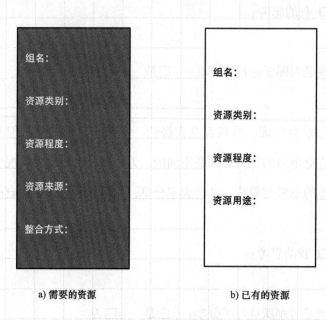

a) 需要的资源　　　　　　　b) 已有的资源

**图 6-1　项目所需资源**

获取资源的方式有很多，小组要先讨论好，针对自己需要的资源可以通过哪些方式来获取，如通过资金的方式、股权出让的方式、业务合作的方式、资源交换的方式等。后面，同学们要在全班范围内去寻找并获取自己想要的资源。在 15 分钟内，各组要尽可能地完成本组项目启动所需的资源准备。为此，小组商量好各类资源的红白卡片分别需要准备多少张，以及每种资源打算如何获取。训练开始后，同学需要在与对方交流的基础上达成共识，将红色的卡片交给对方，换取对方白色的卡片。时间到后，训练停止。各组盘点分别获取了哪些资源，付出了什么代价。各组讨论后，与全班分享这个过程的体验与感受。

☐ 我们需要获得哪些资源？

☐ 我们获取资源的方式有：

☐ 在训练中，我们获得了哪些资源？

☐ 我们付出了什么代价？

☐ 我们用了哪些创新的方法获取资源？

✓ 我在小组工作中的贡献度，按小组整体为 100% 计算，我应该占_____%。

☐ 要获得更多的资源，我们的感受是：

我们小组是否分享了我们的思考？　☐是　　☐否

2. 同学们要认识到，在创业启动的时候，资源一般不会找上门来，只有通过自己的努力才能获取资源，也只有自己变得强大才能吸引资源。

**四、课程作业**

1. 知识性作业

● 什么是创业资源？创业资源的价值在哪里？

● 创业启动的时候，你更看重哪些资源，为什么？

● 在获取资源的过程中需要有创新吗？如果需要，你认为应如何创新？请举例说明。

● 个人发展也是一个类似创业的过程，那么你现在拥有哪些资源？你又将如何获得更多有利于你成长的资源？

● 在建筑业及相关行业，以及你所在的专业领域，哪些资源最重要？为什么？请举例说明。

2. 调研性作业

● 针对你的研究样本，利用 VRIO 模型，分析一下它们目前具有的资源和能力。

● 了解一下你的研究样本是怎么不断丰富自身资源的。

● 针对你的研究样本今后的发展，你认为需要对哪些资源进行获取或优化？

● 将你的建议反馈给你的研究样本，他们对你建议的看法是怎样的？需要将你们的谈话（聊天）记录截图贴在作业本上；如果是面谈，需要附上你们的现场合影。

3. 实践性作业

● 通过小组讨论，完成本组的两个项目启动的资源分析。通过分析，保留一个启动项目资源较为丰富和有效的项目，并说明你们的分析过程与最终决策的理由。

● 与你的导师谈谈小组是如何通过资源分析选定最终项目的，将导师的反馈记录下来。需要将你们的谈话（聊天）记录截图贴在作业本上；如果是面谈，需要附上你们的现场合影。

## 五、案例学习与思考——建筑业及相关行业的资源状况

1. 案例介绍

团队 A 拟创办公司，旨在整合城市的分散劳动力和农村地区的剩余劳动力。一方面，帮助国家解决农民工务工难、讨薪难的问题，给建筑工人提供稳定的工作、良好的生活环境和福利待遇；另一方面，为建筑施工企业提供建筑技能合格的工人，并代为管理、培训，从而提升企业的生产效率和生产质量。

2. 案例思考

（1）分析该项目优势以及所需的资源。

（2）其中，核心资源与价值是什么？如何打造核心竞争力？

（3）试探讨获取和整合这些资源的方法、途径。

# 第7章 项目创新

**教学目标**

通过本章的学习让学生掌握项目微创新、借鉴与对标的方法，能够运用这些方法进行项目优化，提高项目的可操作性和发展空间。基于创新，着手完成项目的产品或服务原型设计。同时，可以将所学应用到专业学习、生活和职业发展中（见表7-1）。

表 7-1　项目创新基本内容

| | 理论知识 | 能力素质 | 品格素养 |
|---|---|---|---|
| 项目创新 | 项目创新的基本方法<br>如何进行竞品分析如何借鉴与原创<br>建筑业及相关行业的创新状况与趋势 | 能够建立基于需求的创新思路<br>能够完成客观翔实的竞品分析<br>能够通过全面梳理来完善创新点，进而优化项目<br>能够设计初步的产品/服务原型 | 项目打磨，突出原创的工匠精神<br>强化敢闯会创<br>科学借鉴善于思考、勇于突破的实践态度<br>精益求精的工作理念 |

**一、项目的创新思考**

1. 在前面的学习和训练中，我们通过创新发现了多个创业机会，通过商业模式的设计了解了项目如何运作，又通过风险分析和资源分析聚焦到一个基本可行的项目上。但是，我们依然可能会发现，团队内部资源匮乏、人手短缺、创新不足；外部还要面对激烈的市场竞争，产品和服务的亮点不多，并且有待客户的认可。面对这种局面，创业是艰难的，只有通过不断的创新，才有可能顺利启动并推进项目。对内要控制成本，用较少的资源做好更多的事情，通过创新研发、创新管理，打磨出具有特色的精致产品和服务；对外要创新模式，快速打开市场并占领市场，获得更多的客户与收益。

2. 创业启动的过程是商业模式设计与验证的过程，项目启动后就是不断验证与调整商业模式的过程。同学们可以基于商业模式 9 要素，通过小组讨论的方式，看看基于现有的资源，通过创新，如何才能做得更好。将小组的思考与大家分享。

□ 有哪些方式可以更精准地获取我们的天使客户？

□ 哪个营销渠道是最有效的？如何挖掘更多有效的渠道？

□ 如何能在客户中树立我们的品牌，让客户信任且依赖我们？

□ 我们如何提高产品的效能或服务体验？

□ 我们如何使我们的产品和服务与竞争对手有所区别?

□ 如何开发与整合更多更好的资源服务来推动我们的项目?

□ 如何优化、提高我们的关键业务的执行效能?

□ 如何与上下游和产业生态中的伙伴更好地合作?

□ 有哪些方式可以使我们获得更多的收益?

□ 有哪些方式可以使我们控制好成本,使成本的效能最大化?

✓ 我在小组工作中的贡献度,按小组整体为 100% 计算,我应该占_____%。

我们小组是否分享了我们的思考? □是　　□否

3. 在小组讨论中,同学们虽然分享了很多奇思妙想,但是思考的过程是痛苦的,这是因为同学们考虑问题时受制于现有的知识、方法、思维和经验。给同学们介绍的奥斯本检核表法是一种能够较强启发创新思维的方法,也是一种工具,可以强制人们去思考,有利于突破不愿提问题或不善于提问题的心理障碍;它又是一种多向发散的思考,使人的思维角度、思维目标更丰富。另外,奥斯本检核表法的思考提供了创新活动最基本的思路,可以使创新者尽快集中精力,朝着提示的目标方向去构想、创造、创新。创新发明最大的敌人是思维的惰性,通过提问,尤其是提出有创见的新问题本身就是一种创新,回答问题就可以相对克服惰性。奥斯本检核表法有利于提高发现创新的成功率。大部分人的思维总是自觉和不自觉沿着长期形成的思维模式来看待事物,对问题不敏感，即使看出了事物的缺陷和毛病，也懒于去进一步思索，不爱动脑筋，不进行积极的思考，因而难以有所创新。而奥斯本检核表法的特点之一是多向思维，用多条提示引导你去发散思考。奥斯本检核表法中有九个问题，就好像有九个人从九个角度出发帮助你思考。它使人们突破了不愿提问或不善提问的心理障碍，在进行逐项检核时强迫人们扩展思维，突破旧的思维框架，开拓创新思路，有利于提高发现创新的成功率。利用奥斯本检核表法，人们可以产生大量的原始思路和原始创意，因此该方法对人们的发散思维有很大的启发作用。运用此方法时，还要注意：它还要和具体的知识经验相结合。奥斯本检核表法只是提示了思考的一般角度和思路，思路的发展与具体化还要依赖人们的具体思考。运用此方法，还要结合改进对象（项目、方案或产品）来进行思考。运用此方法，还可以自行设计大量的问题来提问，提出的问题越新颖，得到的思路就越有创意。

4. 请同学以小组的形式，围绕奥斯本检核表法的九个问题，分别发现一个现实中的示例，这个示例最好来自建筑业及相关行业，可以从装修装饰所涉及的业务内容、业务环节、工程材料、服务方式等方面去思考。通过这个训练，同学们能够深刻理解奥斯本检核表法，从而有利于在自己的项目上思考和应用。

□ 本组项目的产品或服务（如产品、材料、模式等）有无其他用途？保持原状不变能否扩大用途？稍加改变，有无别的用途？我们发现的例子：

□ 本组项目能否从别处得到启发？能否借用别处的经验或发明？外界有无相似的想法以及能否借鉴？过去有无类似的东西以及有什么东西可供模仿？谁的东西可供模仿？现有的发明能否引

入其他的创造性设想之中？我们发现的例子：

□ 现有的东西是否可以做某些改变？改变一下会怎样？可否改变一下形状、颜色、速度、味道等？是否可改变功能定位、型号、模具、运动形式等？改变之后，效果又将如何？我们发现的例子：

□ 放大、扩大。现有的东西能否扩大使用范围？能不能增加一些东西？能否添加部件、拉长时间、增加长度、提高强度、延长使用寿命、提高价值、加快转速等？我们发现的例子：

□ 缩小、省略。缩小一些怎么样？现在的东西能否缩小体积、减轻重量、降低高度？能否省略一些不必要的环节？能否进一步细分？我们发现的例子：

□ 能否代用。可否由别的东西代替或由别人代替？能否用别的材料、零件，别的方法、工艺，别的能源代替？可否选取其他地点或市场？我们发现的例子：

□ 从调换的角度思考问题。能否调换一下先后顺序？可否调换元件、部件？是否可用其他型号，能否改成另一种安排方式？原因与结果能否对换位置？能否变换一下时间等？我们发现的例子：

□ 从相反的方向思考问题，通过对比也能成为萌发想象的宝贵源泉，可以启发人的思路。上下、左右、前后、里外、正反是否可以对换位置？可否用否定代替肯定？我们发现的例子：

□ 从综合的角度来分析问题。组合起来怎么样？能否装配成另一个系统？能否将目的进行组合？能否将各种想法进行综合？能否把各种部件进行重新组合等？我们发现的例子：

✔ 我在小组工作中的贡献度，按小组整体为100%计算，我应该占＿＿＿＿%。

请同学们分享你们找到的示例，通过对这个方法的形象化思考，能够使同学们更好地利用这个方法。

我们小组是否分享了我们的思考？　　□是　　　□否

5.现在请同学以小组的形式，针对自己的项目，利用奥斯本检核表法再次思考自己的项目，通过发散思维对项目进行有价值的创新思考。

□ 本组项目的产品或服务（如产品、材料、模式等）有无其他用途？保持原状不变能否扩大用途？稍加改变有无别的用途？我们对此的思考是：

□ 本组项目能否从别处得到启发？能否借用别处的经验或发明？外界有无相似的想法，能否借鉴？过去有无类似的东西，有什么东西可供模仿？谁的东西可供模仿？现有发明能否引入其他创造性设想之中？我们对此的思考是：

□ 现有的东西是否可以做某些改变？改变一下会怎么样？可否改变一下形状、颜色、速度、味道等？是否可改变一下功能定位、型号、模具、运动形式等？改变之后，效果又将如何？我们对此的思考是：

□ 放大、扩大。现有的东西能否扩大使用范围？能不能增加一些东西？能否添加部件，拉长时间，增加长度，提高强度，延长使用寿命，提高价值，加快转速等？我们对此的思考是：

　　□ 缩小、省略。缩小一些怎么样？能否缩小体积，减轻重量，降低高度，压缩、变薄？能否省略一些不必要的环节，能否进一步细分？我们对此的思考是：

　　□ 能否代用。可否由别的东西代替，由别人代替？能否用别的材料、零件，用别的方法、工艺，别的能源代替？能否选取其他地点或市场？我们对此的思考是：

　　□ 从调换的角度思考问题。能否更换一下先后顺序？可否调换元件、部件？是否可用其他型号，能否改成另一种安排方式？原因与结果能否对换位置？能否变换一下时间等？我们对此的思考是：

　　□ 从相反方向思考问题，通过对比也能成为萌发想象的宝贵源泉，可以启发人的思路。倒换过来会怎么样？上下是否可以倒换过来？左右、前后是否可以倒换位置？里外可否倒换？正反是否可以倒换？可否用否定代替肯定？我们对此的思考是：

　　□ 从综合的角度分析问题。组合起来怎么样？能否装配成另一个系统？能否将目的进行组合？能否将各种想法进行综合？能否把各种部件进行重新组合等？我们对此的思考是：

　　请同学们分享自己对本组项目的创新思考。

　　我们小组是否分享了我们的思考？　　□是　　□否

✓ 我在小组工作中的贡献度，按小组整体为 100% 计算，我应该占_____%。

**二、竞品分析与创新借鉴**

1. 创新是为了给客户更好的价值体验，也是为了能应对激烈的竞争。而客户的价值体验是在对比中产生的，市场竞争的核心，也是对客户的竞争。所以要充分分析竞争对手，在竞品的分析中进行创新。这也是奥斯本检核表法中提到的内容。请同学们针对本组项目的竞争对手，从商业模式 9 要素的维度，对竞争对手进行分析，并找出可能通过创新产生自身优势的方法。这个竞争对手一定是目前市场做得较好的，业务也做得较好的，只有超越或与其匹敌，才有生存与发展的空间。

□ 客户细分与天使客户

对手是怎么做的：

我们借鉴或创新的对策是：

□ 价值主张（产品与服务）

对手是怎么做的：

我们借鉴或创新的对策是：

□ 营销渠道

对手是怎么做的：

我们借鉴或创新的对策是：

□ 客户关系

对手是怎么做的：

我们借鉴或创新的对策是：

□ 核心资源

对手是怎么做的：

我们借鉴或创新的对策是：

□ 关键业务

对手是怎么做的：

我们借鉴或创新的对策是：

□ 伙伴网络

对手是怎么做的：

我们借鉴或创新的对策是：

□ 收入来源

对手是怎么做的：

我们借鉴或创新的对策是：

□ 成本结构

对手是怎么做的：

我们借鉴或创新的对策是：

2. 创新需要实力，不能仅仅是想法，需要脚踏实地地付出努力和实践。在国家产业转型升级的大背景下，上市公司代表了各个行业的标杆，也是产业转型升级的主体，更是创新的主体。同学们要考虑的是如何建立与上市公司的业务关联，融入产业生态中，在自身项目还不够强大的时候，不要与上市公司量级的企业产生正面的业务冲突，而是要尽可能地合作，使其成为项目推进的资源。下面请各组通过网络查询并思考以下问题，将结果与同学们分享。

□ 本组项目的专业领域有哪些上市公司。请阅读至少三家公司的业务年报，全面了解它们的主营业务和战略发展方向：

□ 选定一家在主营业务或战略发展方向上与本组项目相同或相关的上市公司，详细分析与本组项目相关的业务或发展规划：

□ 通过资料分析，找出它们业务或今后的创新点、创新方向，以及它们在创新中是怎么做的：

□ 如何能使本组项目与这家上市公司对接？对接一定是互利互惠，而不是一方占便宜。

● 在哪些方面可以联合研发：

● 可否作为它们的上游以及它们研发或开拓市场的产品或服务供应商？

● 可否作为它们的下游，以及它们服务的产品的代理、分销或售后的供应商？

● 本组项目给它们提供了哪些创新可以吸引它们合作？

● 本组项目可以借鉴它们的哪些创新来完善自己的产品与服务，进而促成合作？

## 三、课程作业

### 1. 知识性作业

□ 奥斯本检核表法在应用时有什么前提？具有普适性吗？

□ 怎样查询上市公司的业务情况最有效？你有哪些方法？

□ 了解竞争对手的情况，你有哪些行之有效的方法？如何获取更准确的信息？

□ 你认为在商业模式 9 要素中，哪些要素的创新最有价值，为什么？

□ 你认为在商业模式 9 要素中，哪些要素的创新最有难度，为什么？

□ 你认为在商业模式 9 要素中，哪些要素的创新最容易，为什么？

□ 利用奥斯本检核表法对你现在的生活和学习做出一点创新，并了解同学对你这项创新的反馈。（你创新的是什么？同学反馈你的是什么？）

□ 创新是否有风险？风险在哪里？

□ 创新需要哪些资源？怎样才能获取这些资源？

□ 在建筑业及相关行业中，你最看好哪些创新？这些创新是怎么产生的？

### 2. 调研性作业

□ 针对你的研究样本，分析一下他们在做哪些创新，他们是怎么做的。

□ 他们在创新过程中是怎样管理的？投入了什么？

□ 结合奥斯本检核表法，请对他们的创新提出你自己的一点建议。将你的建议反馈给他们，看看他们对你建议的看法是怎样的？需要将你们的谈话（聊天）记录截图贴在作业本上；如果是面谈，需要附上你们的现场合影。

### 3. 实践性作业

□ 从商业模式 9 要素出发，基于对竞争对手了解和对接上市公司的业务，利用奥斯本检核表法对本组项目进行全面的具有可操作性的创新升级，然后从商业模式实现的角度系统地进行项目的描述。

□ 将你们项目创新后的描述与导师交流，将导师的反馈记录下来。需要将你们的谈话（聊天）记录截图贴在作业本上；如果是面谈，需要附上你们的现场合影。

### 四、案例学习与思考——建筑业及相关行业的创新方法

#### 1. 案例介绍

小李从建筑专业院校毕业之后，与几名校友一起开办了一家建筑施工企业。在国家鼓励企业创新的形势下，为实现企业的可持续发展，他们投入大量人力、财力开展科技创新工作，在施工新技术开发及应用研究方面取得了突出成绩，主要在深基坑施工技术、逆作法施工技术、大体积混凝土施工技术等方面获得了突出进步。但是，细致分析企业的创新成果不难发现，许多科技成果都是在不断重复某一领域或工艺过程的改进，难以在新的施工领域和工艺工程设计上有突破性和创造性的发现，企业仍处于模仿性创新和集成式创新过程中，与同类大型企业相比还有较大差距。

#### 2. 案例思考

你认为企业创新需要什么条件？

该施工企业如何与同类企业的同领域技术进行市场竞争？

如何在新的施工领域或工艺过程中取得突破性进展，提高企业核心竞争力？

对于施工行业的创新状况与趋势，小李应如何认识？

# 第8章 创业团队

**教学目标**

通过本章的学习，使学生掌握自我认知与相互认知的方法，理解个体的差异与角色，通过工作中的配合与运用团队管理的基本技能，明确团队目标，推动自身项目的落地运作。同时可将团队管理的方法应用到专业学习、生活与职业发展中（见表8-1）。

表8-1 创业团队基本内容

| | 理论知识 | 能力素质 | 品格素养 |
|---|---|---|---|
| 创业团队 | 团队的内涵<br>团队的构成与角色<br>团队的5P要素<br>PDCA循环<br>SMART原则 | 在认知自我和身边伙伴的情况下，有目的地组建团队<br>能够在一个团队中给自己一个角色定位<br>能够运用PDCA和SMART建立基本的团队管理原则<br>能够在工作中发现问题，找到问题的基本根源 | 社会主义核心价值观<br>树立合作意识<br>明确自我定位<br>善于自我反思 |

**一、创业团队的构成**

1. 在学习创业资源的过程中，同学们思考一下在自己的成长历程中，取得过哪些引以为荣的成绩，又有哪些遗憾？是什么原因使你取得了成绩，又是什么原因造成了遗憾？通过分析这些实例，请给自己做一个画像。

☐ 从取得的成绩中，在知识方面，我的优势是：

☐ 从取得的成绩中，在技能方面，我的优势是：

☐ 从取得的成绩中，在资源方面，我的优势是：

☐ 从取得的成绩中，在个人品格与自我管理方面，我的优势是：

☐ 从取得的成绩中，在视野与机遇把握方面，我的优势是：

□ 从目前的遗憾来看，在知识方面，我的不足是：

□ 从目前的遗憾来看，在技能方面，我的不足是：

□ 从目前的遗憾来看，在资源方面，我的不足是：

□ 从取得的成绩中，在个人品格与自我管理方面，我的劣势是：

□ 从取得的成绩中，在视野与机遇把握方面，我的劣势是：

通过以上的分析，同学们以事实为例，对自己进行了清晰的画像。基于这些分析，你认为在一个创业团队中，自己能够胜任哪些工作？为什么？你希望自己成为什么样的人？

在社会主义核心价值观中，"敬业、诚信、友善"是公民基本道德规范，是从个人行为层面对社会主义核心价值观基本理念的凝练。请将你的自我画像与定位分析在小组中分享。通过小组同学的集体分享，大家加深了解。小组成员基于对彼此的了解和以往在课程中的表现，可以通过讨论或投票的方式，选出一个组长。请组长在全班用自我画像和课程表现的方式做一个自我介绍和就任演讲（整体时间 5 分钟）

我们的组长是：

我对他的期望是：

2. 请各小组结合本组的项目，完成创业团队的建设。小组成员协作完成以下训练。

□　为自己的团队（公司）起一个名字：

□　为自己的团队（公司）设计一个 LOGO：

□　用一句话说明你们是做什么的，以及做这个有什么价值？尽可能从我国社会主义现代化建设目标的层面去考虑，同时，要突出你们的主营业务和创新特色（100 字以内）：

□ 设计你们的经营理念：

□ 设计你们的发展目标：

□ 你们现有成员初步的分工是：

□ 你们需要什么样的人加入你们的团队，希望加入者从事或完成哪些工作（越具体越好）？

□ 你们能给加入者什么回报（越具体越好）？

□ 团队做一个风采展示，拍摄一张照片，发到班级群里。

□ 各组分别进行团队建设展示（各 3 分钟），全班投票，选出大家最看好的项目团队。

3.在创业活动开展的不同阶段，由于项目不同，团队资源背景不同，所需的能力也不同。其中，管理能力是基础，技术能力是核心，营销能力是关键。基于这三种基本能力，团队成员的职能也可基本定位为管理类工作、技术类工作和营销类工作，这体现了能力与工作的对应性。从价值创造的角度来讲，创业团队在开始创业时，需要具备市场分析能力、信息获取能力、信息分析统计能力，目的只有一个，就是要科学决策，捕捉到真正属于你的机会；在进行目标决策后，创业团队需要具备竞品分析能力、开发设计能力、组织生产能力、资源整合能力、自我否定能力、验证能力，其目的就是要提出你的价值主张，也就是你用什么样的产品与服务满足哪些客户的什么需求；当你的产品或服务进入市场后，你的团队需要具备沟通交流能力、表达能力、服务能力、资源利用能力、金融财务能力，这些能力可以帮你在市场中立足，获得市场的认可与生存空间；而在不断地发展当中，你们需要有战略规划能力、资源运作能力；同时在创业这个过程当中，你们会受到外部的各种干扰，面对各种挑战和风险，这就需要你们具备抗压能力与凝聚力，以抵御影响创业进程的各类不利因素。

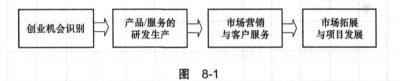

**图　8-1**

□ 请小组同学根据对彼此的了解，针对本组项目工作的开展，拟定现有成员的角色定位。在这个过程中，同学们可能会发现团队到底欠缺哪类人才，以及个人自身所缺失的能力。

| 类型 | 管理类 | 技术类 | 营销类 |
|------|--------|--------|--------|
| 人员 |        |        |        |

请各组分享一下你们团队的人员定位，请阐明理由和发现的问题，找出问题的根源与相应的解决办法。

这些能力的表现都是在"社会主义核心价值观"的背景下，体现了团队的核心价值观。从事物的角度看，这些能力表达的是你们的价值主张，所有的能力都要服务于价值观与对客户的价值主张。价值主张可以简单地理解为，你用什么样的产品与服务来满足哪些客户的哪些需求（见图 8-2）。

**图 8-2　团队成员能力的表现**

要想知道你的团队是否具备这些能力，首先要从个体能力出发，分析团队中每位成员的个人能力。当把成员的个人能力了解清楚了，就需要进一步分析判断你所在的创业团队具备哪些能力。在创业过程中，我们的能力不足与优势都会展现出来，当面对不足时，我们要做的就是不断提升我们各个方面的能力，以使我们的团队更加强大；在获得优势时，我们要考虑如何将这种能力转化为我们的核心竞争力，形成我们的特色，支持我们的创业活动走向成功。

能力，需要储备，需要运用，也需要激发。一个创业团队的能力是在不断的磨砺中强大的。在这个过程中，我们既要弥补或规避自己团队的短板，又要发挥和打造自己团队的长处。请同学们基于本课程学习的历程，针对本组的项目分析一下，你们这个创业团队在各个创业阶段的能力如何。

□ 我们团队一致认同的价值观是（用 5 个关键词代表）：


□ 识别创业机会与竞品分析方面：

具备的能力：

欠缺的能力：

弥补措施：

□ 产品与服务设计研发方面：

具备的能力：

欠缺的能力：

弥补措施：

□ 市场推广方面：

具备的能力：

欠缺的能力：

弥补措施：

□ 产品营销与客户服务方面：

具备的能力：

欠缺的能力：

弥补措施：

□ 项目发展与战略规划方面：

具备的能力：

欠缺的能力：

弥补措施：

4. 团队的能力不仅仅体现在每一位创业团队成员身上，更是团队成员在某一个能力方向上的集合。那么，团队成员如何才能将这些能力发挥出来呢？能力的发挥是基于角色、身份与工作定位的，也就是说，当你定位在一个工作岗位上，担当着团队中的某些角色时，你只有具备了工作能力，才有可能完成任务，扮演好这个角色。优秀创业团队的九种角色是实干者、创新者、专家、完美者、监督者、推进者、协调者、信息者、凝聚者。一个优秀团队中，这九种角色缺一不可。下面我们就详细来了解一下这九种角色具体是什么，每一种角色又有什么样的特征，在团队中的作用是什么。

□ 团队中的 9 类角色

（1）实干者

【特征】

● 不喜欢空谈，讲究实干。

● 有很好的自控力和纪律性。

● 崇尚努力，计划性强，喜欢用系统的方法解决问题。

● 性格相对内向，有时比较保守。

● 通常会把一个构想转化成一个实际行动。

【优点】

● 组织能力强，非常务实。

● 对工作有一种责任感，效率很高。

● 忠诚度高，能为团队整体利益着想而较少考虑个人利益。

● 工作努力，自律性好。

【缺点】

● 处理问题缺乏灵活性。

● 缺乏激情和想象力。

● 往往不会主动寻求变化。

【作用】

实干者在团队中作用巨大，他们能够根据团队需要来完成工作。好的实干者会因为出色的组织技能和执行能力而胜任较高职位，能够有力地推动创业团队实现目标。

（2）创新者

【特征】

● 思维活跃，爱出主意。

● 不受条条框框约束，不拘小节，难守成规。

● 大多个性鲜明，对许多问题的看法与众不同。

● 喜欢按照自己的方式生活和工作，有时被视为"另类"。

【优点】

● 具有丰富而渊博的知识，思路开阔，观念新，富有想象力。

● 在团队常常能提出一些新想法，有利于团队开拓思路。

【缺点】

● 想法可能偏激或缺乏实际感。

● 有自我优越感，不善于与人打交道。

● 不太注重一些细节问题的处理方式。

【作用】

通常在一个项目刚刚启动的时候，或团队陷入困境不知该怎么办的时候，创新者就显得非常重要。创新者通常会成为一家公司的创始人，也容易成为一个新产品的发明者。从外界吸引一些创新者加入团队会带来一种思维上的冲击，这对于创业团队而言是很有意义的。

（3）专家

【特征】

● 为自己所拥有的专业和技能自豪，并陶醉其中。

● 坚持原则，维护标准。

● 希望得到别人的尊重与认可。

【优点】

● 热衷于自己的本职工作，甘心奉献，积极主动。

● 事业心强，具有专注力。

【缺点】

● 较为自我，对别人不感兴趣。

● 不太容易接受别人非专业的意见。

● 希望得到本专业方面的更多支持。

【作用】

专家在团队中的作用是为团队的产品和服务提供专业支持，

有可能成为核心竞争力的代表人物。

（4）完美者

【特征】

● 做事非常注重细节，力求完美，具有理想主义情节。

● 通常性格内向，工作动力源于内心的渴望。

● 喜欢做有把握的事情。

【优点】

● 具有一种持之以恒的毅力。

● 追求卓越，工作勤奋，对工作要求很高。

● 遵守秩序，崇尚标准，勤奋努力。

● 对下属要求严格。

【缺点】

● 给别人传递了过多的工作压力，对下属往往缺乏信任。

● 喜欢事必躬亲，不太愿意授权。

● 过于注重细节，相对容易忽视全局。

【作用】

对于创业团队而言，完美者是高质量推进项目的保证，因为他们崇尚标准、注重准确性、关注细节，并能坚持不懈地持续追求，其品质有利于良好工作作风的形成。

（5）监督者

【特征】

● 通常比较严肃、严谨和理智。

● 与同事常保持一定的距离。

● 比较喜欢指出问题。

● 对人、对事表现得言行谨慎、公平客观。

【优点】

● 冷静，不容易情绪化，能理智地处理问题。

● 有很强的批判性。

● 善于分析、评价、权衡利弊，判断能力强。

【缺点】

● 比较缺乏对团队中其他成员的鼓励。

● 相对欠缺团队的融入感。

【作用】

在创业团队中，很多监督者处于团队的战略性位置上，思维理性和判断力较强，往往能使团队在关键性决策上少犯错误，最终推动项目成功。

（6）推进者

【特征】

● 说干就干，讲求效率。

● 目标明确，工作主动。

● 大多性格开朗、喜欢交际，容易与人接触。

● 喜欢争辩，愿意挑战。

● 思维比较敏捷，思路比较开阔，能从多方面寻找解决问题的方法。

【优点】

● 办事效率非常高。

● 有高度的工作热情和成就感。

● 善于解决工作中的问题。

● 对新观点接受更快，富有激情。

● 工作抗压能力强。

【缺点】

● 遇到事情表现得比较冲动，容易产生急躁情绪。

● 容易与人争执，看不起低效率的人。

【作用】

推进者一般是高效的管理者，勇于面对困难、迎接挑战。推进者也是创业团队有效推进创业进程的最有效成员。

（7）协调者

【特征】

● 视野开阔，受人尊重。

● 善于引导一群技能和个性不同的人向着共同的目标努力。

● 冷静，不易情绪化。

【优点】

● 成熟、自信，办事客观，不带个人偏见。

● 具有个性感召力，善于发现别人的优点。

● 能以大局为重，具有自控力。

● 具有判断力，善于协调各种错综复杂的关系。

【缺点】

● 管理下属的能力弱。

● 相对缺乏创造力和想象力。

● 有时会因注重人际关系而忽略团队目标。

【作用】

协调者是创业团队中的润滑剂，善于处理内部问题，能将不同类型的成员组织到一起，向共同的目标迈进。

（8）信息者

【特征】

● 善于跟别人打交道。

【优点】

● 善于捕捉信息，感知外部的变化。

● 对新事物敏感。

● 具有良好的沟通能力。

● 求知欲很强，并且很愿意去不断地探索新的事物。

● 勇于迎接各种新的挑战。

【缺点】

● 给人留下不踏实的印象。

● 相对欠缺专注力。

【作用】

信息者善于外联、公关和谈判，并能反馈团队外部的有关信息，是创业团队与市场连接的纽带，还是发现市场和客户需求的探索者。

（9）凝聚者

【特征】

● 善于与人打交道，团队融入感强。

● 处事灵活。

● 不会发表对于同事不利的观点和想法。

● 信守"和为贵"，性情温和，敏感。

【优点】

● 善解人意，总能够关心、理解、同情和支持别人。

● 任何人提出的建议都会很在意，同样也很在意自己的行为会给别人带来什么样的影响。

● 大局观强，能够促进团队成员之间的相互合作。

● 善于调和各种人际关系，社交能力和理解能力很强。

● 在团队中不会对任何人构成威胁。

● 对周围环境和人群具有极好的适应能力。

【缺点】

● 容易优柔寡断，不能当机立断。

【作用】

凝聚者是团队中很积极的一个角色。当团队有问题，有矛盾，关系复杂，冲突比较多的时候，凝聚者的作用非常大；能整合各种有利因素，推动业务发展。凝聚者是创业团队士气高昂的核心。

创业团队的每名成员，在创业的过程中都担当着不同的角色，很少有人只承担着一种角色，往往是集多种角色与一身，只不过角色的程度有强有弱，这与他们的能力和工作定位有关。换句话说，团队中的一个角色也往往是几名成员共同担当的，有人表现更强一些，有人相对弱一些。请同学们基于对角色的理解，结合自我画像与分析，给自己在团队中做一个角色定位（见表 8-2 ）。你认为能全部胜任的画√，你认为能胜任一部分的画○，你认为不能胜任的画 × 。个人完成后，在团队内汇总，看看有哪些角色重合的人多，还有哪些角色团队没有（见表 8-3 ）。针对这种情况，你们打算怎么办？

表 8-2　自己的角色分析表

| 角色 | 实干者 | 创新者 | 专家 | 完美者 | 监督者 | 推进者 | 协调者 | 信息者 | 凝聚者 |
|------|--------|--------|------|--------|--------|--------|--------|--------|--------|
| 胜任 |  |  |  |  |  |  |  |  |  |

表 8-3　团队的角色分布情况

| 角色 | 实干者 | 创新者 | 专家 | 完美者 | 监督者 | 推进者 | 协调者 | 信息者 | 凝聚者 |
|------|--------|--------|------|--------|--------|--------|--------|--------|--------|
| 胜任 |  |  |  |  |  |  |  |  |  |
| 人数 |  |  |  |  |  |  |  |  |  |

基于上述情况，我们团队的对策是：

✔ 我在小组工作中的贡献度，按小组整体为 100% 计算，我应该占＿＿＿＿%。

请同学们分享自己对团队角色的思考。

我们小组是否分享了我们的思考？　□是　　□否

## 二、团队的工作与管理方式

1. 创业团队，就是由少数能够技能互补的创业者组成的，为了实现共同的创业目标和一个能使他们彼此担负责任的程序，共同为达成高品质的结果而努力的共同体。创业团队需具备五个重要的团队组成要素，称为 5P 要素。创业团队在进行创业活动过程中需要明确的目标、合理的人员分工、准确的定位、清晰的权限划分和切实可行的实施计划，总结为 5P 要素就是目标、人、定位、权限、计划。

□ 目标（Purpose）：团队应该有一个既定的目标来为团队成员指引前进的方向。可以说，没有目标，这个团队就没有存在的价值。

□ 人（People）：团队是由人组成的，人是构成团队最核心的力量。确定团队目标、定位、职权和计划，都只是为团队取得成功奠定基础，而最终能否获得成功取决于人。选择成员要根据团队的目标和工作定位。一旦明确了团队需要进行哪些工作，下一步要做的事情就是制定出团队人员的职责和其要完成的工作，由此就可以明确他们每个人都有哪些技能、学识、经验和才华。更重要的是，这些资源在多大程度上符合团队的目标、定位、职权和计划的要求？这都是在选择和决定团队成员时必须认真了解的。

□ 定位（Place）：团队的定位包含两层意思：一个是团队的定位，即创业团队在整个产业生态中处于什么位置，什么因素会对团队创业成败产生影响，哪些因素有利于团队的整体提升，进而推动创业的进程；二是个体的定位，作为创业团队的成员在团队的创业活动中扮演什么样的角色，这个角色定位在什么情况下会发生变化。明确团队的定位是非常重要的，因为不同类型的团队有着极大的差异，它们在工作周期、一体化程度、工作方式、授权大小、决策方式上都有很大的不同。比如，一个服务团队可能需要持久地工作，它的一体化程度是非常高的，成员的差别化不是很严重；可是一个研发团队的工作周期可能很短，但是成员的差别化要求会很高。

□ 权限（Power）：明确团队中各成员的权限是非常重要的，会影响到团队的效率与质量。团队当中，领导人的权力大小跟团队的发展阶段相关。一般来说，团队越成熟，领导者的权力相应越小。在团队发展的初期，领导权是相对比较集中的。整个团队权限主要是指决定权，如财务决定权、人事决定权、信息决定权、临时处置权等。有了定位和权限，才能使团队中每个成员的能力得以发挥，才能推动创业活动的进程。

□ 计划（Plan）：团队目标愿景的实现不可能一蹴而就，必须是有计划、有步骤地逐步推进。按计划进行可以保证团队的进度。只有按计划操作，团队才能有步骤地接近目标，从而最终实现目标。团队成员应该分别做哪些工作，如何做？具体来说，这就是计划工作。一份好的团队工作计划常常能够回答以下问题：每个团队有多少成员才合适？团队需要什么样的领导？团队领导职位是常设的还是由成员轮流担任？领导者的权限和职责分别是什么？应该赋予其他团队成员特定的职责和权限吗？各个团队应定期开会吗？会议期间要完成哪些工作任务？预期每位团队成员要把多少时间投入团队工作？如何界定团队任务的完成？如何评价和激励团队成员？

同学们在理解 5P 要素的基础上，针对本组的创业项目分析自己的团队并初步完成创业团队 5P 分析表（见表 8-4），看看我们是否满足了团队建设的需求，从而判断是否可以考虑启动项目了。

表 8-4 创业团队 5P 分析表

| 目标 | 人 | 定位 | 权限 | 计划 |
|------|-----|------|------|------|
|      |     |      |      |      |

☐ 请同学们通过招聘网络,找到一个建筑业及相关行业企业的招聘简章,你们会发现里面的内容基本包括了企业介绍、岗位名称、岗位职责和入职条件、福利待遇等内容。请同学针对一个与自己专业相关的岗位,利用 5P 要素进行分析,这将有利于同学更好地理解 5P 要素是如何在企业中发挥作用的,也有利于灵活运作 5P 要素进行创业管理。如果你分享了自己的分析成果,请给自己加 5 分。

■ 我分析的岗位是:

■ 这个岗位的工作目标是:

■ 完成这个岗位的工作需要的能力素质是:

■ 这个岗位在企业中的定位是:

■ 这个岗位在工作中可能拥有的各类权限是:

■ 这个岗位最需要的工作计划包括:

✓ 我的课堂成绩是:

_____

我是否踊跃进行了分享: ☐是 ☐否

☐ 同学们在前面的基础上,针对本组的创业项目,通过小组讨论的方式,初步拟订自己的工作计划。

■ 我们项目团队有多少成员才合适，为什么？

■ 团队需要什么样的领导，为什么？

■ 团队领导职位是常设的还是由成员轮流担任，为什么？

■ 领导者的权限和职责分别是什么？为什么？

■ 该赋予其他团队成员特定的职责和权限吗？为什么？

■ 我们团队应定期开会吗？为什么？

■ 会议期间要完成哪些工作任务？为什么？

■ 预期每位团队成员要把多少时间投入团队工作？为什么？

■ 如何界定团队任务是否完成了？为什么？

■ 如何评价和激励团队成员？为什么？

✔ 我在小组工作中的贡献度，按小组整体为 100% 计算，我应该占＿＿＿＿%。

请同学们分享自己对团队建设的思考与设计。

我们小组是否分享了我们的思考？　□是　　□否

2. 在第一章"双创启蒙"的学习中，我们已经了解了提高自己与小组的工作、学习质量的方法，如 PDCA 和 SMART，这些工具也是同样适用于创业团队的工作管理。团队本身就是有着极强互补性的小群体，团队成员在一起建立起各种目标，并以共同努力的方式实现目标。不同的人群对于"团队"一词有着不同的阐释，但是他们对团队的本质却有着相同的理解。一是团队要使成员的个性及能力得到充分的发挥，二是要让团队成员进行良好的协作。只有在这两种本质同时满足的情况下，一个团队才能称得上是高效的团队。如何令团队成为高效的团队，取决于创业者对团队的管理。

□ 创业团队的管理较常见的情况是内部不成熟，外部不确定，在这种复杂的情况下，创业团队的运作经常会出现问题。

■ 内部的不成熟性。创业者在创业活动中需要伴随创业的进程进行必要的角色转换，例如以前没有主持过企业全面工作，现在主持全面工作。角色转变的过程中必然面临成长中的不成熟性，更何况这个事情又是具有创新性的，在新兴的领域，周边环境和合作伙伴都具有不确定性，进行开创性的工作时，在创业团队的管理中就会出现一系列的问题。

■ 创业团队管理中出现问题。这主要体现在既定的目标没有实现，也就是 PDCA 循环没有实现，而 PDCA 可以应用在团队管理中。

■ PDCA 循环是全面质量管理体系运转的基本方法。全面质量管理活动的全部过程，就是质量计划的制订和组织实现的过程，这个过程是按照 PDCA 循环不停顿地、周而复始地运转的。创业活动的推进，也是遵循了 PDCA 循环。PDCA 即 Plan（计划）、Do（实施）、Check（查核）、Action（处置），是从事持续改进（改善）所应遵行的基本步骤。

◆ 计划，是指制定改善的目标及行动方案。

◆ 实施，又称执行，是指依照计划有效推进工作。

◆ 查核，指确认检查是否依计划的进度在执行，以及是否达成了预定的计划目标。

◆ 处置，指新作业程序的实施及标准化，以防止原来的问题再次发生。( 或设定新的改进目标 )。

■ PDCA 不断地旋转循环，一旦达成改善的目标，改善后的现状就成为下一个改善目标和下一个计划的基础。PDCA 的意义就是永远不满足现状，因为员工通常比较喜欢停留在现状中，而不会主动去改善。因此，管理者必须持续不断地设定新的挑战目标，以带动 PDCA 循环。

■ PDCA 内涵是对总结检查的结果进行处理，对成功的经验加以肯定并加以适当的推广及标准化；对失败的教训加以总结，将未解决的问题放到下一个 PDCA 循环里。

■ 创业活动由于内部不成熟性与内外不确定性，对 PDCA 循环的速度和质量提出了更高的要求，创业者及创业团队需要围绕创业目标，依据内外部的实际情况确定工作计划并快速实施，但在实施中必然会由于诸多因素而导致计划实施过程不顺畅（如出现困难、产生风险等，这也是创业的特性所致），这就有必要随时进行检查，并针对检查结果及时进行调整并实施调整后的计划，进而推动创业的进程。

■ PDCA 循环的特点，一是大环带小环，即类似行星轮系，一个团队或组织的整体运行体系与其内部各子体系，是大环带小环的有机逻辑整合体，即整个创业团队在实施 PDCA 循环；同时，创业团队中的每项工作也是在进行着 PDCA 循环，甚至于每位创业团队成员自身也有一个 PDCA 循环。这些循环就像齿轮，各个齿轮都有效运行才能产生发动机的前进动力。二是阶梯式上升，PDCA 循环不是停留在一个水平上的循环，不断解决问题的过程就是水平逐步上升的过程，这也造就了创业活动的不断推进。

■ 实施 PDAC 循环的步骤，同学们可参照第 1 章双创启蒙的内容。

■ 请同学们针对本组项目的启动和推进，拿出利用 PDCA 循环保证项目推进的方案。

我们将怎样制订计划？

在实施过程中，我们如何进行过程管理来保证计划的有效执行？

我们如何进行检查？检查的依据和标准有哪些？

我们如何处置问题？处置问题的原则是什么？

✔　我在小组工作中的贡献度，按小组整体为 100% 计算，我应该占_____%。

请同学们分享自己对 PDCA 应用的思考与设计。

我们小组是否分享了我们的思考？　□是　　□否

□　启动和推进创业项目，必然会涉及目标管理。目标管理中，有一项原则叫作 SMART，是 Specific、Measurable、Attainable、Relevant、Time-bound 这五个英语单词的首字母缩写。这五个词是制定工作目标时必须谨记的五项要点。

■ Specific——明确性

所谓明确性，就是要用具体的语言清楚地说明要达成的工作目标。明确的目标几乎是所有成功团队都拥有的特点。很多团队不成功的重要原因之一就是目标定得模棱两可，或没有将目标有效地传达给相关成员，这时候问题就有可能产生了。明确性要求目标设置要落实项目、衡量标准、达成措施、完成期限以及资源要求，使创业者能够很清晰地看到各个业务环节计划要做哪些那些事情，以及计划完成到怎样的程度。

■ Measurable——衡量性

衡量性就是指目标应该是明确的、有标准的、可量化的，而不是模糊的，应该有一组明确的数据作为衡量是否达成目标的依据。如果制定的目标没有办法衡量，就无法判断这个目标是否实现了。目标不量化，就容易造成上下级对目标的理解不同。但并不是所有的目标都可以衡量，有时也会有例外，比如说大方向性质的目标就难以衡量。实施中，目标的衡量标准遵循"能量化的质化，不能量化的感化"，使制定人与考核人有一个统一的、标准的、清晰的、可度量的标尺，杜绝在目标设置中使用形容词等概念模糊、无法衡量的描述。对于目标的可衡量性，应该首先从数量、质量、成本、时间、上级或客户的满意程度五个方面来进行，如果仍不能进行衡量，那么可考虑将目标细化，细化成子目标后再从以上五个方面加以衡量。如果仍不能衡量，还可以将完成目标的工作进行流程化，通过流程化来使目标可衡量。

■ Attainable——可实现性

目标要能够使执行人所接受，如果上级利用一些行政手段或权力性的影响力把自己所制定的目标强压给下属，下属典型的反映就会是一种心理和行为上的抗拒——我可以接受，但是能否完成这个目标，有没有确实的把握，这个不好说。一旦这个目标真的完成不了，下属也有一百个理由可以推卸责任。制定目标时先不要想达成有多困难，不然热情还没点燃就先被畏惧给扑灭了。目标制定要坚持员工参与、相互沟通，使拟定的工作目标在组织及个人之间达成一致；既要使工作内容饱满，又要具备可达性；可以制定出跳起来"摘桃"的目标，但不能制定出跳起来"摘星星"的目标。

■ Relevant——相关性

相关性是指实现此目标与其他目标的关联情况。如果实现了这个目标，但与其他的目标完全不相关，或者相关度很低，那这个目标即使达到了，意义也不是很大，因为没有融入团队目标的整体中。

■ Time-bound——时限性

时限性是指目标制定是有时间限制的，要根据工作任务的权重、事情的轻重缓急拟订出完成目标项目的时间要求，定期检查完成进度，及时掌握变化情况，以方便对下属进行及时的工作指导，以及根据工作计划的异常变化情况及时调整工作计划。

■ 应用 SMART 分析 PDCA 中的任何一点都是可以实现的，这两种工具的结合可以使你们的创业活动脉落更加清晰。应用 PDCA 发现问题，再应用 SMART 逐步分析应对解决问题。

■ 请同学们应用 SMART 原则，以本组项目启动为目标，对此目标进行科学细化与说明。

明确性：

衡量性：

可实现性：

相关性：

✓ 我在小组工作中的贡献度，按小组整体为 100% 计算，我应该占_____%。

时限性：

请同学们分享你们应用 SMART 原则设计的项目启动目标。

我们小组是否分享了我们的思考？　□是　　□否

## 三、课程作业

### 1. 知识性作业

● 什么是创业团队？团队与群体的区别是什么？

● 你认为创业团队应具备的能力在就业和职业发展中有什么意义？

● 你打算如何提升自己的能力短板？请提出具体可执行的措施。

● 请应用 SMART 原则，给自己制定一个下学期的目标。

### 2. 调研性作业

● 针对你的研究样本，分析一下其公司是如何进行管理的。

● 研究样本的对接人在其团队中是什么定位？扮演了什么角色？

● 研究样本的对接人在其团队中的定位是否发生过变化？是在什么情况下发生变化的？

● 研究样本的对接人对你有什么职业定位的建议？需要将你们的谈话（聊天）记录截图贴在作业本上；如果是面谈，需要附上你们的现场合影。

### 3. 实践性作业

● 针对本组项目，做一个招聘简章。

● 详细制订你们团队的管理方案和项目启动计划。

● 将你们团队的管理方案和项目启动计划与你的导师交流，将导师的反馈记录下来。需要将你们的谈话（聊天）记录截图贴在作业本上；如果是面谈，需要附上你们的现场合影。

**四、案例学习与思考——建筑业及相关行业的项目团队管理**

1.案例介绍

小王是机械专业的工学硕士，毕业后到某研究院工作，期间因业绩突出而破格聘为高级工程师。工作几年后他从单位辞职，与另外几个志同道合的同学、同事创办了一家公司，主要生产智能机器人，为大中小学校提供服务。公司的职务安排如下：小王任总经理，负责公司全面工作；小宋负责技术开发；小秦负责市场销售；小李负责配件采购、生产调度等。另外还有几位股东并不在公司任职。近年来公司业务增长良好，但也存在许多问题，使小王感到压力沉重。首先是市场竞争激烈，其次是团队成员创业时的拼搏精神有所消退，达不到小王的高要求，另外还有股东想发展别的业务提升收入。

2.案例思考

（1）你认为小王创建的团队有何优势与不足？

（2）对于小王创业中出现的这些情况，你认为问题主要出在什么地方？

（3）该创业团队该如何适应新形势？你能给出什么建议？

# 第 9 章　创业计划

**教学目标**

通过本章的学习，使学生认识到创业计划的作用与内容，能够自行撰写创业项目的商业计划书，可以清晰表达项目的创意、实施计划和愿景，通过建立多维视角，运用创业计划的分析与评估方法，能够识别项目的优劣，可以将所学应用到专业学习、生活和职业发展中（见表9-1）。

表 9-1　创业计划基本内容

| | 理论知识 | 能力素质 | 品格素养 |
|---|---|---|---|
| 创业计划 | 创业计划的目的<br>创业计划书的构成<br>创业计划的呈现方式 | 能够编制创业计划<br>能基于创业计划的内容系统梳理与论证创业项目的可行性<br>能针对不同对象展示创业项目 | 建立同理心与客户思维<br>实事求是，数据说话<br>厚积薄发，完美呈现 |

**一、为什么做创业计划书**

1.通过前面的学习，同学们已经认识到创业不是一件容易的事情。无论是发现创业机会，设计商业模式，处置创业风险，获取创业资源，组建创业团队，还是强化项目创新，突出核心竞争力，都涉及方方面面的因素，只有科学有效地梳理清楚这些因素的关系并使其集中作用于团队项目上，才可能顺利启动项目，并推动项目向正确的方向发展。

2.创业的过程虽然事务众多且繁杂，但也不是无章可循。创业计划书就帮助同学们梳理有关启动与推进项目的各个要素，进而明确项目方向，分析项目市场，确定价值主张，设计商业模式、规划项目运作、构建项目管理等。那么这个梳理与阐述对初创团队而言有什么价值呢？同学们可以从对内与对外两个角度进行思考。请小组通过讨论的方式完成以下思考，并与全班同学分享。

□ 创业计划书对创业团队内部的价值

■ 对团队成员的价值：

■ 对招募员工的价值：

■ 对开展业务的价值：

■ 从 PDCA 循环的角度发现的价值：

　　■ 从 SMART 原则的角度发现的价值：

　　□ 创业计划书对创业团队外部的价值
　　■ 对投资人的价值：

　　■ 对合作伙伴的价值：

　　■ 对政府机构的价值：

　　■ 对客户的价值：

✓　我在小组工作中的贡献度，按小组整体为 100% 计算，我应该占＿＿＿＿%。

　　请同学们分享你们对创业计划书价值的思考。
　　我们小组是否分享了我们的思考？　　□是　　　□否

## 二、创业计划书的构成

　　1. 一份完整的创业计划书，不仅可以全面展现创业项目，还可以体现创业团队对项目运作的思考与设计，是项目价值与团队实力的展现。其核心在于把事情科学合理地说清楚，不在于写多少，而在于准确清晰地表达，体现出对项目全貌和重点的把握。

　　2. 创业计划书的内容结构是有要求的。按照这个内容结构就可以将创业项目基本讲清楚，也能体现创业团队对项目的设计与思考。下面的内容将引领同学们把握创业计划书的内容结构与撰写逻辑。

□ 封面，需要明确项目名称、项目团队（公司）、编制日期、联络方式、项目标识等，同学们要知道，外人看到创业计划书的时候，首先看到的就是封面，能否吸引眼球，体现团队品质与做事的态度，这是给人们的第一印象。那么，你们的思路是什么：

□ 项目概述，用一段文字图表混编的方式，使人能在一分钟内较为全面地了解你们的项目。同学们可以按如下格式描述：

在　　　　背景或趋势下，我们通过对　　　　的创新，向　　　提供了　　　产品/服务，解决了　　　　的　　　　问题，或是更好地满足了　　　　的　　　　需求，优化了　　　客户体验，我们已经完成了　　　　，我们的　　　　得到了市场的验证，我们已经与　　　　建立了合作关系，我们下一步打算　　　　，我们将以　　　　为核心竞争力，争取实现　　　　发展目标。

✓ 我在小组工作中的贡献度，按小组整体为 100% 计算，我应该占＿＿＿＿％。

请同学们分享你们的项目概述。

我们小组是否分享了我们的项目概述？　　□是　　　□否

□ 市场分析，就是要发现市场上存在哪些问题，有哪些需求，这些是谁的问题和需求，也就是客户是谁，这个群体和群体的需求有多大，目前是怎么解决的，客户更希望得到什么样的消费体验。市场分析既要有宏观的政策趋势类分析，又要有微观的市场调查，提倡用事实说话，用数据说话。同学们在资料收集分析的基础上，通过小组讨论，完成对本组项目的市场分析。

■ 本组项目领域中的国家政策要求是：

■ 本组项目的行业现状与发展趋势是：

■ 本组项目所涉及的技术现状与发展趋势是：

■ 本组项目所启动的地区市场的现状分析是：

■ 基于现状与趋势的市场需求是：

■ 目前是谁在满足这些需求（市场对标）？

■ 他们满足这些需求的解决方案是什么？

■ 国际上满足这些需求的最好解决方案是什么？核心创新在哪里？

■ 我们开展市场调查的分析结果是：

■ 我们主要针对的客户群体与其痛点是：

■ 针对我们的解决方案，通过市场调查的反馈分析是：

■ 客户特征与消费习惯是：

■ 客户消费的决策流程是：

■ 客户最希望解决或改善的是：

■ 我们的结论是：

✓　我在小组工作中的贡献度，按小组整体为 100% 计算，我应该占＿＿＿＿＿%。

请同学们分享你们对市场分析的思考。

我们小组是否分享了我们的思考？　　□是　　　□否

□ 产品/服务说明，就是基于客户需求和市场趋势，将项目的核心内容介绍清楚，主要是对产品原型的说明，其对应的是商业模式中的价值主张。最好针对原型实例进行说明。同学们通过小组讨论的方式，回答下述问题，构建产品与服务原型和体系。

■ 我们解决的主要问题是：

■ 我们的解决方案的应用场景是：

■ 我们的解决方案包括的内容有：

■ 相对于现有的解决方案，我们的创新点是：

■ 我们的核心功能是：

■ 我们原型验证的结果是：

■ 我们的改进方向是：

■ 我们今后的创新方向是：

■ 我们今后的产品 / 服务系列是：

✓  我在小组工作中的贡献度，按小组整体为 100% 计算，我应该占_____%。

请同学们分享自己对产品与服务的思考。

我们小组是否分享了我们的思考？　□是　　□否

□ 商业模式，基于商业模式 17 要素，对如何启动与推进项目进行系统的阐述。同学们通过回答以下问题,通过小组讨论的方式,把握本组项目商业模式的说明要点。

■ 本组项目的客户群体与需求是:

■ 本组项目的天使客户与需求是:

■ 本组项目的价值主张(产品 / 服务解决方案)是:

■ 本组项目的营销渠道与营销方式有哪些?

■ 本组项目如何维护客户关系?

■ 本组项目具有的核心资源与资源策略是:

■ 本组项目的关键业务与业务模式有哪些?

■ 本组项目在产业链中的定位是:

■ 本组项目如何建立上下游伙伴网络?

■ 本组项目获取收益的方式是：

■ 本组项目的成本结构是：

■ 本组项目应对市场竞争的方式是：

■ 本组项目的核心竞争力是：

请同学们分享你们对商业模式的思考。

我们小组是否分享了我们的思考？　　□是　　　□否

□ 团队 / 资源，就是要证明你们的团队具有启动与推进本组项目的能力。请同学们通过小组讨论，回答下列问题。

■ 我们团队核心成员有：

■ 他们有过哪些经历，证明他们具有哪些能力？

■ 我们团队的外部成员有：

■ 他们在给我们提供哪些支持或参与哪些工作？

✓　我在小组工作中的贡献度，按小组整体为 100% 计算，我应该占_____%。

■ 我们与外部成员的合作模式是：

■ 支持我们项目的主要资源有：

■ 我们与这些资源的合作模式是：

■ 这些资源已经发挥了哪些作用？

■ 我们团队已经取得的成绩有：

■ 我们团队的管理策略是：

✔ 我在小组工作中的贡献度，按小组整体为 100% 计算，我应该占_____%。

请同学们分享你们对团队与资源的思考。

我们小组是否分享了我们的思考？　　□是　　　□否

□ 财务分析，核心点就是分析项目的盈利能力。对于项目启动而言，要知道钱花在哪里以及从哪里挣钱；对于项目的推进期而言，要合理支出、扩大收入。请同学们针对本组项目，通过小组讨论的方式，对项目的启动进行财务分析，制订财务计划。

■ 本组项目的主要收入来源是：

■ 本组项目主营产品的单价是：

■ 本组项目启动后可预期的月（或年）销售规模是：

■ 本组项目其他收入来源有：

■ 本组项目的主要支出项目有哪些？

■ 本组项目开拓市场的支出预计占成本的百分比：
■ 本组项目设计研发的支出预计占成本的百分比：
■ 本组项目完成产品生产或服务的支出预计占成本的百分比：
■ 本组项目维护客户的支出预计占成本的百分比：
■ 本组项目获取资源与维护资源的支出预计占成本的百分比：
■ 本组项目用于维持公司运营的月（或年）最低成本是：

■ 本组项目如何实现盈亏平衡？

■ 本组项目的收入增加的同时，成本是否增加，增加比例如

何？

■ 本组项目启动最低投入是多少?

■ 本组项目启动的开支用在哪些方面, 分别是多少?

✔ 我在小组工作中
的贡献度, 按小组整
体为 100% 计算, 我
应该占_____%。

请同学们分享你们对创财务分析的思考。

我们小组是否分享了我们的思考?　　□是　　　□否

□ 战略规划, 是要基于客户细分和市场需求、趋势, 对项目的发展做出预期判断与愿景设计。在战略规划中, 既要"仰望星空", 又要"脚踏实地", 制定发展的可行性措施。请同学们针对本组项目, 通过小组讨论的方式, 对项目发展的战略规划进行设计。

■ 本组项目的全国市场有多大?

■ 本组项目的启动区域市场有多大?

■ 如果顺利的话, 本组项目未来占有多少市场份额?

■ 本组项目的启动期有多久? 完成启动期的里程碑是什么?

　　■ 本组项目各阶段的目标与主要工作、时间节点是什么?

　　■ 本组项目的战略目标是什么?

　　■ 支持本组项目实现战略目标的核心能力是什么?

　　■ 本组项目在实现战略目标过程中的主要创新方向和创新内
容是什么?

✓　我在小组工作中
的贡献度，按小组整
体为 100% 计算，我
应该占＿＿＿＿%。

请同学们分享你们对战略规划的思考。
我们小组是否分享了我们的思考?　　□是　　　□否

　　□ 发展需求，是要阐明为了更好地实现项目的战略规划以
及快速启动和推进项目，所需要的外部帮助和支持，以及在今后
达成某些战略目标后回报帮助和支持方的方式。这些往往体现在
本组项目中的核心资源与伙伴网络两大要素上，但是其要支撑的
是项目的价值主张、营销渠道、客户关系、核心业务和收入来源
等。同学们可以借鉴 6 类创业资源的分类方法进行分析与阐述。

　　■ 资金需求:
我们需要投资方提供多少资金?

资金主要用途是：

回报的方式是：

我们可提供的承诺是：

✓　我在小组工作中
的贡献度，按小组整
体为 100% 计算，我
应该占＿＿＿＿%。

请同学们分享你们对资金需求的思考。

我们小组是否分享了我们的思考？　　□是　　　□否

■　人才需求：

我们现阶段需要什么样的人才？

这些人才主要解决哪些问题？

我们对人才的吸引与激励措施是：

✓　我在小组工作中
的贡献度，按小组整
体为 100% 计算，我
应该占＿＿＿＿%。

请同学们分享你们对人才需求的思考。

我们小组是否分享了我们的思考？　　□是　　　□否

■　物质需求

我们在哪些物质资源方面进行合作？

通过合作能推动项目的哪些方面？

我们能给合作方的回报方式是：

✓　我在小组工作中的贡献度，按小组整体为 100% 计算，我应该占_____%。

请同学们分享自己对物质需求的思考。

我们小组是否分享了我们的思考？　□是　　□否

■ 技术需求：

我们需要哪些技术开发和支持？

■ 这些技术开发和支持主要解决哪些问题？

我们对技术开发和支持的要求是：

我们对技术开发和支持的回报是：

✓　我在小组工作中的贡献度，按小组整体为 100% 计算，我应该占_____%。

请同学们分享自己对技术资源的思考。

我们小组是否分享了我们的思考？　□是　　□否

■ 组织管理需求：

我们需要完善哪些管理？

完善这些管理能给本组项目带来什么好处?

我们打算如何完善?

✓ 我在小组工作中的贡献度,按小组整体为 100% 计算,我应该占_____%。

请同学们分享自己对组织管理的思考。

我们小组是否分享了我们的思考?　□是　　□否

### 三、创业计划的呈现与展示

1.创业计划书是创业计划的载体,不论对外还是对内,都需要在不同的场合对不同的对象进行展示和说明。用什么形式重点说明哪些内容是同学们要着重思考的。

2.展示与说明创业计划的方式有文档方式、文档演示方式、视频方式、对话方式等,适用于不同的场合与不同的对象。前面的训练,同学们基本掌握了较为完整的文档方式,这也是其他方式的基础。下面请各组在此基础上,讨论其他几种方式应把握的要点。通过这个练习,使团队成员增强对本组项目的理解和推介能力。

□ 将项目 PPT 以电子邮件的方式发给投资人,应把握的要点是什么?

请用同理心的方式,思考投资人最想看到的是什么?

投资人最想先看到的是什么?

投资人最想较为清晰地了解什么？

☐ 用 5 分钟向投资人进行路演的时候，应如何展示项目？

请用同理心的方式，思考投资人最想看到的是什么？

投资人最想先看到什么？

投资人最想较为清晰地了解什么？

投资人可能会问什么？

☐ 拍摄一个 1 分钟的视频，用于项目推介。

视频主要的内容是什么？

视频的风格是什么？

视频中是否应该有旁白或话术？内容是：

□　不借助任何工具，如何用 1 分钟向投资人说明你的项目？限 200 字。

□　不借助任何工具，如何用 1 分钟向你想争取的合作方说明你的项目，限 200 字。

✔　我在小组工作中的贡献度，按小组整体为 100% 计算，我应该占_____%。

请同学们分享自己对创业计划展示的思考。

我们小组是否分享了我们的思考？　　□是　　　□否

**四、课程作业**

1. 知识性作业

● 学习了创业计划的编制和创业计划书的编写，你认为创业计划对项目启动与推进有什么作用？

● 参照创业计划的编制方法和逻辑，请完成一份你自己的就业计划。

● 用什么方式能更好地展现你们组项目的核心竞争力？

● 针对在路演中的项目展示，你有哪些创新的方式？

● 在创业计划书中，你会使用 PEST 分析吗？如何使用？

● 在创业计划书中，你会使用 SWOT 分析吗？如何使用？

● 在创业计划书中，你会使用波特五力分析吗？如何使用？

● 编写创业计划书中，你们小组是怎么分工的？你对组员的评价是？

● 你认为，你们的创业计划书有充分的事实和数据支撑吗？如何丰富这些支撑？

2. 调研性作业

● 针对你的研究样本，尽可能多地了解它们的情况，用不多于 15 页的 PPT 对它们的公司或一项核心业务进行描述。

● 研究样本的对接人对你的描述有何意见和建议？需要将你们的谈话（聊天）记录截图贴在作业本上；如果是面谈，需要附上你们的现场合影。

3. 实践性作业

● 针对本组项目，完成路演 PPT 的展示和制作。

● 针对本组项目，完成 2 分钟视频的展示和制作。

● 将你们项目的创业计划书与你的导师交流，将导师的反馈记录下来。需要将你们的谈话（聊天）记录截图贴在作业本上；如果是面谈，需要附上你们的现场合影。

**五、案例学习与思考——建筑业及相关行业的创业计划书分析**

1. 案例介绍

小王是一名建筑专业的硕士毕业生，他发现中国建筑行业要想跟上时代发展的潮流，在国际市场占领一席之地，就要一改往日简单粗放的建筑施工形象，就要在科技能力上取得突破。为此，他准备自己创业，主要业务是为开发商提供"绿色建筑＋城市综合体＋生态城市"的整体解决方案，帮助开发商提升建筑品质和运维质量，并降低建造与运维成本。小王和他的创业合伙人已经在开发区注册了公司，并基本完成了各项方案的设计与相关业务资源的整合。

**2. 案例思考**

团队经过研讨，在公司业务如何启动方案上存在一些分歧。假如你是小王，你会在项目启动初期如何考虑？为什么？

1. 把主要精力和资金要放在进一步研发与完善公司自己的产品与方案上。

2. 把主要精力和资金要放在客户资源开发上，再根据客户需求，通过项目逐步完善公司的产品方案。

3. 把主要精力和资金放在整合相关合作方的方案上，不过于强调自己的研发，实现借船出海。

# 第 10 章　创业资金

**教学目标**

通过本章的学习，使学生了解创业资金的用途，能够合理预计与分配创业启动资金，了解获取创业资金的渠道和方法，并可以对自己的生活和职业发展进行一定的财务规划（见表 10-1）。

表 10-1　创业资金基本内容

| | 理论知识 | 能力素质 | 品格素养 |
|---|---|---|---|
| 创业资金 | 项目成本构成<br>资本价值与资金用途<br>资金来源<br>获取资金的途径与方法<br>资金众筹的方法 | 能够合理规划项目启动的资金用途<br>能够估算项目的启动成本<br>能够设计资金筹集方式<br>掌握与资本合作的方法 | 具有正确的创业观和资金观<br>白手起家、自力更生、艰苦奋斗<br>创造性地解决问题，推进项目 |

**一、创业需要多少钱**

1. 同学们的双创项目是要解决市场上的问题或更好地满足客户需求，启动和推进项目是需要资金的，但是资金不能解决所有问题，正所谓"钱能解决的问题往往不是问题"，资金确实能够推动问题的解决。在前面创业资源和创业计划的学习中，我们已经了解了一些创业资金对项目启动和推进的作用。现在请同学们各自思考并回答以下问题后，通过小组讨论达成对创业资金的共识。

　　□ 资金能帮我们解决哪些问题？

　　□ 利用资金解决这些问题后，我们团队的价值是否受到了影响？有哪些影响？

　　□ 这些问题出现在项目启动阶段还是推进阶段？具体列举说明：

　　□ 没有完全解决这些问题，项目是否可以启动？

□ 这些问题，有没有其他解决方式？

□ 拿出产品原型并完成原型的测试，是否不需要第三方资金投入？

□ 本组的意见总结是：

✔ 我在小组工作中的贡献度，按小组整体为 100% 计算，我应该占＿＿＿＿％。

请同学们分享你们对创业资金的思考。
我们小组是否分享了我们的思考？　　□是　　□否

2. 启动本组项目，需要多少钱

□ 完成不少于 500 份的调查问卷和分析，需要的资金是：

□ 完成产品和服务的原型设计，需要的资金是：

□ 完成产品和服务的原型制作，需要的资金是：

□ 完成产品和服务的原型市场验证，不少于 100 个样本，需要的资金是：

□ 保证不断向市场提供我们的产品和服务需要多少资金？

☐ 完成项目公司的工商税务等的注册，需要的资金是：

☐ 本组项目是否需要实体办公场所？为什么需要？

☐ 本组项目办公场所的最小支出是多少？计算依据是什么？

☐ 本组项目启动市场推广的费用是多少？用于什么地方？

☐ 本组项目的运营维护需要支出哪些费用？年度需要多少？

☐ 本组项目成员是否需要开工资？年度需要多少？

☐ 本组项目是否需要公共费用？年度需要多少？

☐ 本组项目启动的时候，年度合计需要多少费用？

☐ 本组项目启动的时候，费用是否还可以压缩？压缩在哪里？最少需要多少？

✓ 我在小组工作中的贡献度，按小组整体为 100% 计算，我应该占_____%。

请同学们分享你们对创业资金计划的思考。

我们小组是否分享了我们的思考？　☐是　　☐否

## 二、创业资金的来源

1.创业的筹备与启动资金往往是来源于自筹资金，也就是团队的小伙伴自己出钱。当然，这个钱可能是自己的积蓄，也可能是家庭成员或朋友的资助。那么请小组成员自己筹划一下，看看能否筹集到资金启动你们的项目，包括完成市场调查、原型设计、原型制作和原型验证所需要的资金。

□ 我自己最多能提供的资金量是：

□ 我亲友最多能提供的资金量是：

□ 我对亲友提供资金的回报是：

□ 我们小组总共能筹集到的资金量最多是：

□ 我们能争取到学校的直接资金支持是：

□ 本组项目是否可以通过网络公开众筹的方式获取资金？

□ 本组项目的众筹方案是：

□ 我们能利用学校的资源和支持减少哪些方面的资金支出？能减少多少？

□ 我们最终决定筹集多少资金？

□ 每人的出资额是：

✓　我在小组工作中的贡献度，按小组整体为 100% 计算，我应该占＿＿＿＿%。

请同学们分享你们创业启动资金的筹集方案与思考。

我们小组是否分享了我们的思考？　□是　　□否

2. 第三方投资是指项目团队获得来自非创业成员的外部资金，主要有风险投资、天使投资、创业扶持基金等，这些资金可能来自机构，也可能是来自个人，前提是他们认可你们的项目，愿意推动你们的项目并承担相应的风险。这就需要同学们了解这些资金的背景、投资方向、投资偏好与投资条件。

☐ 我们学校对大学生创业有哪些支持举措？

☐ 获取学校资金支持的方式有哪些？需要找哪个部门？申请程序是什么？

☐ 我们学校有哪些校友创业基金？怎样获得？

☐ 本组项目所处领域有哪些创投机构？它们的投资方向、投资偏好、投资条件、联络方式分别是什么？请列出不少于 10 家。

①

②

③

④

⑤

⑥

⑦

⑧

⑨

⑩

请同学们分享你们筹集第三方资金的方案与思考。

我们小组是否分享了我们的思考？　　□是　　　□否

3. 股权分配是成立公司的时候需要明确的事项，主要的考虑是团队成员的贡献度和出资多少，同时还要考虑对今后引进人才的股权激励和投资方进入的股权诉求。请同学们各自思考，提出自己的方案后在小组内讨论，达成共识。

□ 我提供的资金量是：

□ 我在项目筹备期的贡献是：

□ 我在项目启动期的贡献是：

□ 我在项目推进期可能的贡献是：

□ 我在项目团队中扮演的角色，以及在核心竞争力中的地位是：

✓　我在小组工作中的贡献度，按小组整体为 100% 计算，我应该占＿＿＿＿%。

☐　我建议我应占的股权是：

☐　我建议预留对今后团队的股权激励方式是：

☐　我们组最终达成的注册时股权分配比例是：

✔　我在小组工作中的贡献度，按小组整体为 100% 计算，我应该占_____%。

请同学们分享你们股权分配的方案与思考。

我们小组是否分享了我们的思考？　☐是　　☐否

## 三、课程作业

1. 知识性作业

● 什么是风险投资？运作方式是怎样的？

● 什么是创业投资？运作方式是怎样的？

● 什么是创投基金？运作方式是怎样的？

● 国家和地方支持大学生创业的政策有哪些？同学们可以利用哪些？

● 什么是众筹？运作方式是怎样的？

● 请研读一份创投协议，提出你最关心的内容，说明一下为什么是这些内容。

● 请说明股权与债券的区别。

● 创业融资渠道都有哪些？

● 在股权分配中，需要注意哪些事项才便于项目的启动和推进？

● 如果股东退出，你们怎样处理其股权？法律依据是什么？

2. 调研性作业

● 针对你的研究样本，了解它们的股权构成和获取资金的方式。

● 研究样本的对接人对你的描述有何意见和建议。需要将你们的谈话（聊天）记录截图贴在作业本上；如果是面谈，需要附上你们的现场合影。

3. 实践性作业

● 针对本组项目，完成创业资金的筹集与融资计划。

● 针对本组项目，设计股权结构和股东退出方式。

● 与你的导师交流你们项目的创业资金筹集、融资计划和股权结构，将导师的反馈记录下来。需要将你们的谈话（聊天）记录截图贴在作业本上；如果是面谈，需要附上你们的现场合影。

## 四、案例学习与思考——设计工坊的资金众筹方案

小李是一名刚刚毕业的建筑专业大学生，毕业后，她与几名同专业同学计划开一家家居设计工坊，主要是通过"线上 + 线下"模式设计生活家居创意用品。创办公司首先需要一定的创业资金，他们商量后，认为首先需要在学校附近租一个工作室（租金大概每月 4000 元），购买 10 台电脑、桌椅等办公用品，制作广告宣传材料（广告公司的制作报价大概 3000 元），办理执照和许可证等。工作室一旦开始运营后，营运资金就要开始派上用场了：支付工资、交税、支付房租和水电费等。小李把全部积蓄拿了出来（仅够总投入的 20%），还需要进一步完善商业计划，计算营运前支出和营运前期支出，筹集资金，并做出商业计划。团队小伙伴们经过商量后，对资金的获取提出了一些问题。如果你是小李（主要负责人），如何考虑下面几个问题？

1）创办初期所需的费用大概有多少？

2）资金能帮助解决哪些问题？

3）你们团队能够筹集到多少第三方资金？

4）创业资金从哪里可以得到：股权资本？债权资本？

5）如果到银行贷款，怎样才能得到贷款？

6）工作室是否有足够的销售量和利润来归还这笔贷款？

7）你们团队如何进行股权分配？

# 第 11 章　创办公司

**教学目标**

通过本章的学习，使学生了解启动创业的各类事项；能够利用政策、公共服务和社会孵化服务等助推自己的项目。能够设计简单的管理制度，了解有关企业运作的法律常识。同时，可以利用所学深入了解专业领域和企业运作的特性，有助于自身的职业发展（见表 11-1）。

表 11-1　创办公司基本内容

| | 理论知识 | 能力素质 | 品格素养 |
|---|---|---|---|
| 创办公司 | 创业涉及的有关政策法规<br>鼓励创业的公共服务<br>创办公司的流程<br>孵化器的服务<br>公司治理结构<br>公司经营管理的主要事务 | 能够利用政策推动创业启动<br>选择合适的孵化器推动创业<br>建立适合的公司治理结构和决策机制<br>建立公司初期的规章制度<br>建立公司初期的企业文化 | 社会主义核心价值观<br>依法依规办事<br>融入社会，体会价值服务和价值创造<br>脚踏实地，务实进取 |

## 一、创办公司的流程

1.请同学们通过网络了解一个企业从注册到可以开始正式经营的全部流程。

☐ 第一步：

☐ 第二步：

☐ 第三步：

☐ 第四步：

☐ 第五步：

☐ 第六步：

☐ 第七步：

☐ 第八步：

☐ 其他：

请同学们分享你们了解的企业注册成立的流程。

我们小组是否分享了我们的思考？　☐是　　☐否

✔　我在小组工作中的贡献度，按小组整体为 100% 计算，我应该占_____%。

2.请同学们通过网络了解建筑业及相关行业对新办企业有哪些资质、准入等行业管理性要求。请同学尽可能从建筑生态的角度出发，全面思考各类型的行业要求。

✔　我在小组工作中的贡献度，按小组整体为 100% 计算，我应该占_____%。

我们小组是否分享了我们的思考？　☐是　　☐否

3.在各级政府"放管服"的背景下，请同学们到附近一个开发区的公共事务服务大厅，了解如何能简化企业注册流程以及政府部门提供了哪些服务。将你的收获与同学们分享。

□ 政府部门提供的服务有：

□ 拿到营业执照和相关许可的最短周期是：

□ 我们需要做的准备工作有：

□ 我对他们的建议是：

请同学们分享你们了解到的政府推动创业、对中小企业的服务内容。

我们小组是否分享了我们的思考？　　□是　　　□否

4. 各地方政府为了推动"大众创业万众创新"，成立了很多众创空间和孵化器，请同学们分别走访你们附近的众创空间和孵化器，看看如果你们入住到这里，能得到什么服务。

□ 它们提供的硬件服务有：

✔　我在小组工作中的贡献度，按小组整体为 100% 计算，我应该占_____%。

☐ 它们提供的软件服务有：

☐ 它们的入住条件是：

☐ 已经入住团队对这里的反应是：

☐ 它们能为本组项目直接或间接提供哪些资源？

☐ 它们是否形成了具有产业特色的项目生态，描述一下这个生态：

☐ 它们有哪些收费项目，价格如何？

☐ 请从商业模式的各个要素出发，分析它们的前景：

□ 它们的核心竞争力是：

□ 它们的主要盈利来自哪里：

□ 它们是否适合本组项目的理由是：

请同学们分享你们对众创空间和孵化器的了解。

我们小组是否分享了我们的思考？ □是 □否

✓ 我在小组工作中的贡献度，按小组整体为 100% 计算，我应该占＿＿＿＿%。

## 二、公司治理结构

所谓公司治理结构，就是为了实现发展目标，公司所有者（股东）对公司的经营管理和绩效改进实施规划、监督、激励、控制和协调的一整套制度安排。公司治理结构反映了决定公司发展方向和主要经营管理事项的各参与方之间的关系，主要体现为公司所有者与经营者之间的关系。一般情况下，公司治理结构是由股东大会、董事会和执行经理层等形成的具有一定相互作用的行为制度框架，它们依据法律赋予的权利、责任、利益相互分工并相互制衡。请同学们阅读《公司法》，结合本组项目公司的实际情况进行以下思考。

□ 本组项目公司的经营范围：

□ 本组项目公司的董事会构成：

□ 本组项目公司的监事会构成：

□ 执行董事或董事长的职责是：

□ 总经理的职责是：

□ 本组项目公司现有股东股权转让的要求是：

□ 本组项目公司的最高决策机构是：

□ 哪些重点事务需要最高决策机构进行决策？

　　☐ 决策采用的方式是：

✓　我在小组工作中的贡献度，按小组整体为 100% 计算，我应该占_____%。

　　请同学们分享你们项目公司的治理结构。

　　我们小组是否分享了我们的思考？　　☐是　　　☐否

### 三、公司的经营管理

　　1.在明确了公司的治理结构后，就是执行公司决策，推动公司实现战略目标和各阶段的业务规划，这就需要公司具有良好的经营管理措施和体系。

　　2.公司经营管理的核心诉求是激发内部员工的活力，整合外部资源，使其更好地服务于公司业务发展。这就需要梳理出公司的价值创造链，并建立保持价值创造链良性循环的激励机制与约束机制。

　　3.每一个企业都是在调研、设计、开发、生产、销售、储运、客服和相关内部支撑服务的过程中进行种种活动的集合体。所有这些活动可以用一个价值链来表明。"企业的价值创造就是通过这一系列有层次、彼此关联的活动构成的，这些活动可分为业务活动和管理活动两类，业务活动包括调研、设计、开发、生产、销售、储运、客服等，管理活动包括财务、行政、人力资源等。这些互不相同但又相互关联的生产经营活动，构成了一个企业创造价值的动态过程，即价值创造链。请同学们根据本组项目，设计自己项目公司的价值创造链，明确每个环节的工作重点，并基于价值创造链进行初期的部门划分。创业项目在启动阶段应该"精兵简政"，不宜设置过多的部门，形成过高的管理成本，应将重点放在产品与服务的研发和市场方面。

☐ 本组项目调研环节的工作：

☐ 本组项目设计或策划环节的工作：

☐ 本组项目开发环节的工作：

☐ 本组项目生产环节的工作：

☐ 本组项目市场宣传推广环节的工作：

☐ 本组项目销售环节的工作：

☐ 本组项目储运物流环节的工作：

☐ 本组项目客服或售后环节的工作：

☐ 本组项目财务管理的工作：

□ 本组项目办公行政管理的工作：

□ 本组项目人力资源管理的工作：

□ 本组项目公司拟设置哪些部门？各部门的职能包括了哪些环节？

✔ 我在小组工作中的贡献度，按小组整体为 100% 计算，我应该占_____%。

请同学们分享你们项目公司的价值创造链和部门划分。

我们小组是否分享了我们的思考？　　□是　　　□否

4. 激励机制和约束机制都是为了保证公司业务更好地发展而制定的制度性管理措施，主要是强化对人员的管理，激发员工的主观能动性，克服或限制对公司业务造成不良影响的行为。请小组讨论在你们的项目的启动阶段，建立哪些激励机制和约束机制才能更好地推进项目发展。

□ 在调动工作积极性方面，我们的激励与约束措施：

□ 在保证工作进度方面，我们的激励与约束措施：

□ 在保证工作质量方面，我们的激励与约束措施：

□ 在开拓市场方面，我们的激励与约束措施：

□ 在扩大销售、增加收益方面，我们的激励与约束措施：

□ 在获取与整合资源方面，我们的激励与约束措施：

□ 在知识产权保护方面，我们的激励与约束措施：

□ 在团队文化建设方面，我们的激励与约束措施：

□ 在人才引进与管理方面，我们的激励与约束措施：

✓　我在小组工作中的贡献度，按小组整体为 100% 计算，我应该占_____%。

请同学们分享你们项目公司的激励机制与约束机制。

我们小组是否分享了我们的思考？　□是　　□否

## 四、课程作业

1. 知识性作业

● 在公司的经营管理中，涉及哪些法律（如《公司法》《知识产权保护法》《劳动合同法》《会计法》《合同法》等）？请简述其作用。

● 你认为你将运用哪些法律武器保护自身和公司的哪些合法权益？

2. 调研性作业

● 针对你的研究样本，尽可能多地了解它们的情况，收集、整理、分析它们的制度管理体系。

● 了解你的研究样本是如何进行制度落实与修正的。

● 与研究样本的对接人探讨如何能更有效地实施制度化管理与人性化管理。需要将你们的谈话（聊天）记录截图贴在作业本上；如果是面谈，需要附上你们的现场合影。


3. 实践性作业

● 针对本组项目，基于课程内容，采用公文格式，起草完成不少于三项的管理制度。

● 基于价值创造链，拟定以推进项目工作为核心的部门工作配合流程。

● 将你们的制度与工作配合流程与你的导师交流，将导师的反馈记录下来。需要将你们的谈话（聊天）记录截图贴在作业本上；如果是面谈，需要附上你们的现场合影。


**五、案例学习与思考——建筑业及相关行业的政策法规**

小张从建筑专业院校毕业后，与几名同专业校友一起开办了一家建筑公司。年轻人与时俱进、思维灵活，他们一致认为建筑行业是我国经济发展的支柱产业，而建筑设计是建筑的灵魂，不仅提供建筑的外形和空间结构，更是人类生存理念和生活方式的有效载体，因此，他们将公司的业务主要瞄准了建筑设计和研发及其延伸行业。

为了实现在建筑业资源集约、环境友好的创业初心，小张及他的团队成员将公司主营业务和发展方向设定为装配式建筑设计、BIM、工程总承包、全过程工程咨询、绿色建筑等在内的新型理念和技术。

假如你是小张（分工主要负责公司战略方向和社会资源等相关内容），为了使公司的业务得到更好更快地发展，你要考虑以下几个问题：

1. 公司主营业务受到国家和社会哪些鼓励和支持？

2. 各级政府是否出台了一系列促进行业转型、升级和发展的政策和措施？如有，请列举建筑及相关领域中三至五项。

3. 请以一项主营业务为例，简要描述该项业务未来应如何运营发展，以获得更大的政策支持？

4. 请畅想一下建筑行业的未来发展趋势。

# 写在学习之后

【学习了吗】

这可能是不同于其他课程的学习历程。你坚持下来了吗?

你是带着问题来学习的。凭借自己的努力和小组成员的协助,你在探寻此间的答案,而很多答案没有绝对的对与错。因为这些答案只属于你,是你的思考、你的认知、你的感悟、你的智慧和你行为的结果。

如果你把此间的空白用自己的方式填满了,那么,你需要为你自己喝彩,你完成了只属于你自己的学习历程。然而,这不是结束,只是开始。现在,你再回看自己的学习痕迹,是否会发现你对那些问题有了新的认知、理解和看法,同时会想得更多、更远……

如果是这样,你就是看到了自己的成长与成熟,看到了未来的自己,看到了新的未知,看到了建筑领域创新创业的机会与精彩。继续学习,继续在实践中探索吧,那将是你的人生!

没有开始得早晚,更没有结束的终点。

把这本书合上,才是真正打开了你自己的书。

【学得怎么样】

在前面的学习中,你给自己的分数累计是多少:

你觉得你在班里的表现与成绩如何: □上游 □中上游 □中下游 □下游

你们小组总共分享了多少次:

你觉得你的小组在班里的表现如何: □上游 □中上游 □中下游 □下游

你觉得你在小组的贡献度如何: □60%以上 □40%~60% □20%~40% □20%以下

你的作业都完成了吗?质量怎么样?给自己的作业一个评价:

学得怎么样是一个相对值，既相对于你的同学，也相对于原来的你。不论你表现得是优秀还是一般，你都应把视野放到社会上，放到建筑领域中，看到那些优秀的人是怎样工作和完善自我的。你学习的结果就是要与那些优秀的人并肩站在一起。

**【学到了什么】**

对比课前你自己制定的学习目标，看看自己是否达成了这些目标，程度如何，有没有超越目标？

□ 在专业学习方面的改善：

□ 在生活方面的改善：

□ 在就业思考方面的改善：

□ 在个体成长方面的改善：

□ 在创新创业实践方面的改善：

□ 在课程成绩方面的表现：

□ 在其他方面的改善与收获：

**【课程寄语】**

知识就在那里，不是因为老师讲了你才知道；是因为你学了，思考了，实践了，你才获得了。在这个过程中，老师帮助过你，小组同学帮助过你，导师帮助过你，你的研究样本帮助过你，本组项目的客户也帮助过。那么，请你给帮助过你的人分别写一段话谈谈自己学习后的心得体会（不超过 50 个字）。

**【致老师】**

**【致同学】**

**【致导师】**

**【致研究样本对接人】**

**【致项目客户】**

**【致自己】**

**【致你爱的人或事】**

# 参考文献

[1] 张玉利, 等. 创业管理 [M]. 4 版. 北京: 机械工业出版社, 2016.

[2] TIMMONS J A, SPINELLI S. New Venture Creation:Entrepreneurship for the 21st Century: Vol.3[M]. Homewood : Richard D.Irwin,1990.

[3] BOLTON BILL, THOMPSON JOHN. Entrepreneurs: Talent, Temperament and Opportunity [ M ]. 3rd ed. New York: Routledge, 2013.

[4] 谢洛德. 企业家不是天生的: 一种了解企业家的简单方法 [J]. 中外企业家, 2007 (1):23.

[5] 孙洪义. 创新创业基础 [M]. 北京: 机械工业出版社, 2016.

[6] SPINELLI S, ADMS R J. New Venture Creation:Entrepreneurship for the 21st Century: Vol.9[M]. New York: McGraw-Hill/Irwin, 2012.

[7] DORF R C, BYERS T H. Technology Ventures-From Idea to Enterprise [M].2nd ed. New York: McGraw-Hill Education,2008.

[8] 李家华, 等. 创业基础 [M].2 版. 北京 : 北京师范大学出版社 ,2014.

[9] 张玉利, 薛红志, 陈寒松. 创业管理 [M].4 版. 北京 : 机械工业出版社 , 2013.

[10] 段锦云, 王朋, 朱月龙. 创业动机研究: 概念结构、影响因素和理论模型 [J]. 心理科学进展, 2012,20 (5): 698-704.

[11] 布鲁克斯. 社会创业 [M]. 李华晶, 译. 北京: 机械工业出版社, 2009 : 13.

[12] 蒂蒙斯, 斯皮内利. 创业学案例 [M]. 周伟民, 吕长春, 译 .6 版. 北京: 人民邮电出版社, 2005 : 159-165.

[13] MITCHELL R K, LANT L, MCDOUGALL T, et al. Toward a Theory of Entrepreneurial Cognition: Rethinking the People Side of Entrepreneurship Research [J]. Entrepreneurship Theory and Practice, 2002, 27 (2): 93-104.

[14] 张玉利, 李政. 创新时代的创业教育研究与实践 [M]. 北京: 现代教育出版社, 2006:15-21.

[15] MUMFORD M D. Where Have We Been, Where Are We Going? Taking Stock in Creativity Research [J]. Creativity Research Journal, 2003 (15): 107-120.

[16] STERNBERG R J. "Creativity" Cognitive Psychology [M]. 6th ed. Independence K Y: Cengage Learning,

2011：479.

[17] TORRANCE P. Verbal Tests , Forms A and B-Figural Tests, Forms A and B [M]. Princeton: Personnel Press, 1974.

[18] GRAHAM W. The Art of Thought [M]. New York: Harcourt Brace, 1926.

[19] 熊彼特 . 经济发展理论 [M]. 邹建平，译 . 北京：中国画报出版社，2012.

[20] BALCKWELL A H , MANAR E. UXL Encyclopedia of Science [M]. New York:UXL，2015.

[21] 甄玉金 . 世界贸易组织法律实用词典 [M]. 北京：中国商业出版社，2003.

[22] KOSTER S. Spin-off Firms and Individual Start-ups, Are They really Different?[R]. Porto: The 44th ERSA Conference , 2004：25-29.

[23] 毕海德 . 新企业的起源与演进 [M]. 魏如山，译 . 北京：中国人民大学出版社，2004.

[24] CHIMIAN B , JULIEN P. Defining the Field of Research in Entrepreneurship [J]. Journal of Business Venturing, 2001, 16（2）:165-180.

[25] 德鲁克 . 创新与企业家精神 [M]. 蔡文燕，译 . 北京：机械工业出版社，2007.

[26] MAURYA A. 精益创业实战 [M]. 张玳，译 .2 版 . 北京：人民邮电出版社，2013.

[27] 魏炜，朱武祥 . 发现商业模式 [M]. 北京：机械工业出版社，2013.

[28] 马萨内尔，里卡特 . 在竞争中设计商业模式 [J]. 哈佛商业评论（中文版），2011（7）：121-130.

[29] LEON S, SASCHA K. Entrepreneurial Teams: Definition and Performance Factors [J]. Management Research News, 2009, 32（6）：513-524.

[30] NOAM W. The Foundeder's Dilemmas: Anticipating and Avoiding the Pitfalls That Can Sink a Startup [M]. Princeton: Princeton University Press, 2012.

2011：479.

[17] TORRANCE P. Verbal Tests, Forms A and B; Figual Tests, Forms A and B [M]. Princeton: Personnel Press, 1966.

[18] GRAHAM W. The Art of Thought [M]. New York: Harcourt Brace, 1926a.

[19] 杰佛瑞·摩尔. 跨越鸿沟 [M]. 赵娅, 译. 北京: 机械工业出版社, 2012.

[20] BATCKWELL H, MANAR E. UXL Encyclopedia of Science [M]. New York: LXL, 2015.

[21] 熊彼特. 经济发展理论：对于利润、资本、信贷、利息和经济周期的考察 [M]. 北京: 中国社会科学出版社, 2009.

[22] KOSTER S. Spin-off Firms and Individual Start-ups: Are They really Different?[P]. Topic: The 44th ERSA Conference, 2004: 25-27.

[23] 彼得·德鲁克. 创新与企业家精神 [M]. 蔡文燕, 译. 北京: 机械工业出版社, 2004.

[24] CHIMIAN B, JULIEN P. Defining the Field of Research in Entrepreneurship [J]. Journal of Business Venturing, 2000, 16 (2): 165-180.

[25] 张玉利. 创业与中小企业管理 [M]. 第三版. 北京: 机械工业出版社, 2007.

[26] MAURYA A. 精益创业实战 [M]. 张玉, 彭雪, 译. 北京: 人民邮电出版社, 2013.

[27] 李开复. 创业就是要细分垄断 [M]. 长沙: 湖南文艺出版社, 2014.

[28] 郭志刚. 严谨与规范：社会调查方法论问题探讨 [J]. 探索与争鸣（中文版）, 2011 (2): 121-130.

[29] LEON S, SASCHA K. Entrepreneurial Teams: Definition and Performance Factors [J]. Management Research News, 2009, 32 (6): 513-524.

[30] ADAM W. The Founder's Dilemmas: Anticipating and Avoiding the Pitfalls That Can Sink a Startup [M]. Princeton: Princeton University Press, 2012.